草莓病虫害诊断与防治原色图谱

主　编

郝保春　杨　莉

编著者

郝保春　李　莉　杨　雷　杨　莉　杨秋叶

U0213569

金盾出版社

内 容 提 要

本书以文字说明与原色图谱相结合的方式,形象地介绍了草莓31种侵染性病害、22种生理病害和43种虫害。对各种病害、虫害均以诊断和防治为重点,具体阐述其病原、病因、诊断要点、发生规律和防治方法。选配病虫危害和害虫形态原色图227幅,有助于读者准确进行田间诊断和迅速做出防治对策。本书适合广大果农、植保技术人员、果品贮运营销人员学习使用,亦可供农业院校、农科院所的师生和科研人员阅读参考。

图书在版编目(CIP)数据

草莓病虫害诊断与防治原色图谱/郝保春,杨莉主编．—北京:金盾出版社,2012.5(2014.9重印)
ISBN 978-7-5082-7429-4

Ⅰ.①草… Ⅱ.①郝…②杨… Ⅲ.①草莓—病虫害防治—图解 Ⅳ.①S436.68-64

中国版本图书馆 CIP 数据核字(2012)第 027722 号

金盾出版社出版、总发行

北京太平路5号(地铁万寿路站往南)
邮政编码:100036 电话:68214039 83219215
传真:68276683 网址:www.jdcbs.cn
封面印刷:北京印刷一厂
彩页正文印刷:北京天宇星印刷厂
装订:北京天宇星印刷厂
各地新华书店经销
开本:850×1168 1/32 印张:5.25 彩页:104 字数:90千字
2014年9月第1版第3次印刷
印数:11 001～14 000 册 定价:16.00 元

前　言

草莓(*Fragaria ananassa* Duch)属于蔷薇科(Rosacede)草莓属(*Fragaria*)多年生草本植物,在世界小浆果生产中草莓荣居首位。草莓营养价值高,经济效益好。随着农村产业结构的调整,作为高效农业的草莓生产得到了迅速发展。目前,我国草莓生产面积和产量均居世界首位。但是由于多年连作和面积扩大,草莓病虫害越来越严重,有的草莓产区因病虫害造成巨大损失。为了普及草莓病虫害防治技术,加强学术交流,促进生产发展,我们在多年开展草莓研究和病虫害防治的基础上,广泛收集和总结国内外科研和生产经验,将几十年工作中积累的图片资料汇编成图谱。本图谱以原色图为主,辅以简要文字,描述危害草莓病症和虫态以利于诊断,并对草莓病虫害的发生规律和防治方法进行了介绍,读者可根据当地发生的病虫害及危害程度,选择最具针对性的措施,进行有效防治。

书中引用了一些同行专家的科研成果、科技论著及少量图片,在此表示感谢。由于专业水平、实践经验和试验条件所限,图谱中缺点和错误在所难免,恳请读者批评指正。

编　著　者

目 录

1

草莓病虫害诊断

一、侵染性病害诊断

1. 草莓褐色轮斑病

病原菌为半知菌亚门球壳孢目拟点属真菌 [*Phomopsis* (*Dendrophoma*) *obscurans* (Ell et EV.)], *Dendrophoma obscurans* (Ell et EV.) H.W Anderson 是它的异名。

草莓褐色轮斑病主要危害草莓叶片，果梗、叶柄、匍匐茎和浆果也可染病。受害叶片最初出现红褐色小点（图1-1），逐渐扩大呈圆形或近椭圆形斑块，中央呈褐色圆斑，圆斑外为紫褐色，

图1-1 病叶初期症状

最外缘为紫红色，病健交界明显。后期病斑上形成褐色小点（图1-2）（为病原菌分生孢子器），多呈不规则轮状排列，几个病斑融合在一起时，可使叶组织大片枯死。

图1-2 病叶后期症状

2. 草莓细菌性叶斑病

病原菌为 *Xanthomonas fragariae* Kennedy et King，是黄单胞杆菌属草莓黄单胞菌，属细菌。

草莓细菌性叶斑病主要侵染叶片，果柄、花萼、匍匐茎上也常有发生。初侵染时在叶片上出现水浸状红褐色不规则形病斑（图1-3），病斑扩大时受细小叶脉所限呈角形叶斑，故亦称角斑病或角状叶斑病。病斑逐渐扩大后融合成一片，变成淡红褐色而干枯。湿度大时叶背可见溢有菌脓，干燥条件下成一薄膜，病斑常在叶尖或叶缘处，叶片发病后常干缩破碎（图1-4），严重时使植株生长点变黑枯死。

图1-3　侵染初期叶片上出现水浸状红褐色病斑

图1-4　叶片上病斑干缩破碎

3.草莓褐角斑病

病原菌为草莓生叶点霉 *Phyllosticta fragaricola* Desm et Rob，属半知菌亚门真菌。

草莓褐角斑病也称草莓角斑病，主要侵染叶片。在叶片初侵染处生暗紫褐色多角形病斑，扩大后变为灰褐色（图1-5），边缘色深，后期病斑上有时具轮纹（图1-6），病斑直径约5毫米。

图1-5　暗紫褐色多角形病斑，扩大后变为灰褐色

图1-6　病叶后期症状

4. 草莓叶枯病

病原为凤梨草莓褐斑病菌 [*Marssonina potentillae (Desmazieres) Magn*]，有性阶段为 *Diplocarpon earliana* (Ell et Ev) Wolf，属子囊菌亚门，分生孢子盘在叶面散生或聚生，初埋生，后突破表皮，圆形，黑色，分生孢子梗极短，不明显。

叶枯病主要在春秋发病，侵染叶片、叶柄、果梗和花萼。叶片上产生紫褐色无光泽小斑点，以后扩大成直径3～4毫米的不规则形病斑，病斑中央与周缘颜色变化不大。病斑有沿叶脉分布的倾向，发病重时叶面布满病斑（图1-7），后期全叶黄褐色至暗褐色（图1-8），直至枯死。在病斑枯死部分长出黑色小

图1-7 发病重时叶面布满病斑

粒点，叶柄或果梗发病后，产生黑褐色稍凹陷的病斑，病部组织变脆而易折断。

图1-8 发病后期全叶黄褐色至暗褐色枯死

5. 草莓 "V" 型褐斑病

病原菌为子囊菌亚门日规壳属的草莓日规壳菌 [*Gnomonia fructicola* (Arnaud) Fall]。其无性阶段为凤梨草莓假轮斑病菌 (*Zythia fragariae* Laibach)。故草莓 "V" 型褐斑病亦称草莓假轮斑病。

草莓 "V" 型褐斑病在各地发生普遍，有的园片相当严重。此病主要侵染幼嫩叶片，还可引起果柄褐腐，或侵害浆果。此病在老叶上起初为紫褐色小斑，逐渐扩大成褐色不规则形病斑，周围常呈暗绿色或黄绿色（图1-9）。在嫩叶上病斑常从叶顶部开始，沿中央主叶脉向叶基呈 "V" 字形或 "U" 字形迅速发展，形成 "V" 型病斑，故称 "V" 型褐斑病，病斑褐色，边缘浓褐色，病斑内可相间出现黄绿红褐色

图1-9 发病轻时症状

轮纹，最后病斑内全面密生黑褐色小粒点(分生孢子堆)(图1-10)。一般1个叶片只有一个大斑，严重时从叶顶伸达叶柄，乃至全叶枯死(图1-11)。本病还可侵害花和果实，可使花萼和花柄变褐死亡，引起浆果干性褐腐，病果坚硬，最后被菌丝所缠绕。

图 1-10　病斑内全面密生黑褐色小粒点　　　　图 1-11　发病严重时全叶枯死

6. 草莓蛇眼病

病原菌无性世代为 Ramularia tulasnei (R.fragariae Peck)，称杜拉柱隔孢，属半知菌亚门柱隔孢属。有性世代为 Maycosphaerella fragariae (Tul) Lindau，称草莓蛇眼小球壳菌，属子囊菌亚门腔菌属真菌。

草莓蛇眼病又称草莓白斑病、草莓叶斑病，各地发生普遍，主要危害叶片，造成叶斑，大多发生在老叶上。叶柄、果梗、嫩茎、浆果及种子也可受害。叶片上病斑初期为暗紫红色小斑点，随后扩大成直径 2～5 毫米的圆形病斑（图 1-12），边缘紫红色，中心部灰白色，略有细轮纹，酷似蛇眼。病斑发生多时，常融合成大型斑（图

图 1-12　叶片上的紫红色圆形病斑

1-13）。病菌侵害浆果上的种子，单粒或连片侵害，被害种子同周围果肉变成黑色，使之丧失商品价值。

图1-13　叶片上的病斑融合成大型斑

7. 草莓白粉病

病原菌为子囊菌亚门白粉菌目白粉菌科单囊壳属羽衣草单囊壳 [*Sphaerotheca macularis* (Wallr ex Fr) Jacz.f.sp. *Fragariae peries*]。在我国东北为钩丝壳属 [*Oidium* sp.(*Uncinula* sp)]，在日本为单丝壳属 [*Sphaerotheca humuli* (de candol) Burrill]。

草莓的白粉病是比较冷凉地区和保护地栽培中的重要病害。在适宜条件下可以迅速发展，泛滥成灾，损失严重。草莓白粉病主要侵害叶片和嫩尖，花、果、果梗及叶柄也可受害。叶片发病初期在叶面上长出薄薄的白色菌丝层，随病情加重，叶缘逐渐向上卷起呈汤匙状（图1-14），叶片上发生大小不等的暗色污斑和白色粉状物（图1-15），后期病斑呈红褐色，叶缘萎缩、焦枯。

花蕾受害时，幼果不能正常膨大，干枯。若后期受害，果面覆有一层白粉（图 1-16），果实失去光泽并硬化，着色缓慢并丧失商品价值，严重影响浆果质量。

图 1-14　叶缘向上卷起呈汤匙状

图 1-15　叶片上暗色污斑和白色粉状物

图 1-16　发病后期果面覆有一层白粉

8. 草莓黑斑病

病原菌为半知菌亚门链格孢属的 *Alternaria alternata* (Fries) keissler 真菌。

主要危害叶片、叶柄、茎和浆果。一般发病是在叶面上产生直径 5～8 毫米的黑色不定形病斑，略呈轮纹状，病斑中央呈灰褐色，有蛛网状霉层，病斑外常有黄色晕圈（图 1-17）。叶柄和匍匐茎上发病时常呈褐色小凹斑，当病斑围绕一周时，柄或茎部因病部缢缩干枯易折断（图 1-18）。贴地果染病较多，浆果上的病斑为黑色（图1-19），上有灰黑色烟灰状霉层，病斑仅在皮层，一般不深入果肉，但因黑霉层污染而使浆果丧失商品价值。

图1-17 叶片受害状

图1-18 叶柄和匍匐茎受害状

图1-19 果实受害状

9. 草莓黏菌病

草莓黏菌病原菌通常为一类自由生活的原始生物，在植物表面附生而非寄生，其对植物的危害主要是遮蔽阳光，影响光合作用，并黏附在植物表面，影响呼吸作用和其他生物活动，严重时造成寄主生长衰弱，甚至死亡。

病原菌发生在草莓叶片上的为黏菌门钙皮菌科双皮菌属的半圆双皮菌 [*Dierma hemisphaerieum* (Bull.) Hornem]，发生在茎上的为发网菌科白柄菌属的白柄菌 [*Diachea Leucopodia*

(Bull) Rost]。

黏菌爬到活体草莓上生长并形成子实体，使病部表面初期布满胶黏淡黄色液体，后期长出许多淡黄色圆柱形孢子囊，圆柱体周围蓝黑色，有白色短柄，排列整齐地覆盖在叶片、叶柄和茎上。此时受害部位不能正常生长，或有其他病杂菌生长而造成腐烂。

图1-20　叶片受害状

此时如遇干燥天气则病部产生灰白色粉末状硬壳质结构（图1-20），不仅影响草莓的光合作用和呼吸作用，而且受害叶不能正常伸展、生长和发育。黏菌在草莓上一直黏附到草莓生长结束，严重时植株枯死，果实腐烂，造成大幅度减产。

10. 草莓灰霉病

病原菌为半知菌亚门葡萄孢属的灰霉菌（*Botrytis cinerea* Person）。

在草莓上主要侵害叶片、花、果柄、花蕾及果实。在叶片上发生时，病部产生褐色或暗褐色水渍状病斑，有时病部微具轮纹。干时呈褐色干腐，湿润时叶背出现乳白色茸毛状菌丝团。花蕾及叶柄发病时变暗褐色，后扩展蔓延，病部枯死，由花萼延及子房及幼果（图1-21）。果实受害时，最初出现油渍状淡褐色小斑点，进而斑点扩大，全果变软，上生灰色霉状物，为病原菌的分生孢子梗与分生孢子（图1-22）。

图1-21 花萼及幼果受害状　　图1-22 病原菌的分生孢子梗

11. 草莓炭疽病

病原菌为半知菌亚门毛盘孢属的草莓炭疽菌真菌（*Colletotrichum fragariae* Brooks）。有性阶段，为子囊菌亚门小丛壳属的 *Glomerella fragariae*。

本病主要发生在叶片、叶柄、托叶、花瓣、花萼和果实上。病部明显特征是草莓株叶受害可造成局部病斑和全株萎蔫枯死。茎、叶上病斑一般长3～7毫米，黑色，纺锤形或椭圆形（图1-23），溃疡状，稍凹陷。病斑包围叶柄或匍匐茎一周时，病斑以上部分枯死。湿润条件下病斑上长出肉红色黏质孢子堆。有时叶片和叶柄上产生污斑状病斑。植株凋萎，症状除在假植苗上发生外，还发生在母

图1-23 茎、叶感病状

株上，开始 1～2 片嫩叶失去活力下垂，傍晚恢复正常，进一步发展植株就很快枯死。虽然不出现落叶矮化和黄化症状，但切开

枯死病株根部观察，可见从外侧向内部变褐，而维管束并不变色。浆果受害时，产生近圆形病斑，淡褐色至暗褐色，软腐状并凹陷，后期也可长出肉红色黏质孢子团（图 1-24）。

图 1-24　果实受害状

12. 草莓（终极腐霉）烂果病

病原菌为终极腐霉 *Pythium ultimum* Trow，属鞭毛菌亚门卵菌纲腐霉属真菌。

腐霉是世界性分布的土壤真菌，腐生能力很强，可以侵害 150 多种瓜果作物的根部和幼苗，引起烂种、猝倒、立枯、烂根和烂果。主要危害近地面的果实和根。根部染病后变黑腐烂（图 1-25），轻则地上部萎蔫，重则全株枯死。贴地果和近地面果实容易发病，病部初呈水渍状，熟果病部

图 1-25　根部受害状

略呈褐色，后常呈现微紫色，病果软腐略具弹性，果面长满浓密的白色棉状菌丝（图1-26）。叶柄、果梗也可受害变黑干枯。

图1-26　果实受害状

13. 草莓疫霉果腐病

病原 *Phytophthora cactorum* (Labert et cohn) Schroete 称恶疫霉或苹果疫霉，属鞭毛菌亚门卵菌纲霜霉目真菌；*P.citrophthora* (R.et E.Smith) Leonian 称柑橘褐腐疫霉和 *P.citricola* Saw 称柑橘生疫霉；*P.capsici* Leon 称辣椒疫霉，均属鞭毛菌亚门真菌。

图1-27　感病植株失水萎蔫

草莓根、花穗、花蕾、花、果实及叶片均可发病。根发病由外向里变黑，革腐状。早期地上不显症状，中期植株生长差，略显矮小，到开花结果期如遇干旱，则植株失水萎蔫（图1-27），浆果膨大不足，色暗无光泽，果小、味淡、汁少，严重时死亡。叶片、花序和果穗染病呈急性水烫状，迅速变褐至黑褐色死亡（图1-28）。青果被害，产生淡褐色水烫状斑，并迅速扩大蔓延至全果，果实变为黑褐色，后干枯、硬化，似皮革，故亦称为革腐病。熟果则病部稍褪色，失去光泽，白腐软化，呈水渍状，似开水烫过，发出臭味（图1-29）。制成果酱或果冻、果汁、果酒时混入病果，会使加工品产生苦味。

图1-28 果穗呈急性水烫状，变成黑褐色死亡　　图1-29　病果白腐软化

14. 草莓黑霉病

病原菌为 *Rhizopus nigricans* Ehrenb, [*R.stolonifer* (Ehrenb.ex Fr) Vuill] 属藻状菌纲毛霉目毛霉科真菌。

黑霉病主要危害草莓果实，被害果实初为淡褐色水渍状病斑，继而迅速软化腐烂流汤，长出灰色棉状物，上生颗粒状黑霉（图1-30，图1-31）。

图1-30　果实软化腐烂

图1-31　病斑长出灰色棉状物

15. 草莓红中柱根腐病

病原菌 *Phytophthora fragariae* Hickman 是藻状菌纲中侵害草莓的一种疫霉，属鞭毛菌亚门真菌。另外，分离的病原菌还有丝核菌（*Rhizoctonia* Sp.）和拟盘多毛孢属真菌（*Pestalalotiopsis* Sp.）。

草莓红中柱根腐病主要侵害根部，常见有急性萎蔫型和慢性萎缩型2种。急性萎蔫型多在春、夏2季发生，特别是久雨初晴后叶尖突然凋萎，不久呈青枯状，引起全株枯死（图1-32）。慢性萎缩型在定植后至冬初均可发生，呈矮化萎缩状，下部老叶叶缘变紫红色或

图1-32　植株青枯状死亡

紫褐色，逐渐向上扩展，全株萎蔫或枯死。检视根部可见根系开始都由幼根先端或中部变成褐色或黑褐色而腐烂（图1-33），然后中柱变红褐腐朽，继而扩展至根颈，病株易拔起。定植后，在新生的不定根上表现症状最明显，发病初期不定根的中间部位表皮坏死，形成1～5厘米长红褐色至黑褐色梭形长斑，病部不凹陷，病健交界明显。严重时，病根木质部及根部坏死褐变，整条根干枯，地上部叶片变黄或萎蔫，最后全株枯死（图1-34）。

图1-33 幼根先端或中部变成褐色或黑褐色而腐烂

图1-34 全株枯死

16. 草莓青枯病

病原菌*Pseudomonas solanacearum* E.F.smith是青枯假单胞杆菌属的杆状细菌。

该病主要发生在定植初期。初发病时下位叶1～2片凋萎脱落，叶柄下垂似烫伤状，烈日下更为严重。夜间可恢复，发病数天后整株青枯（图1-35）。根部受害时，地上部叶柄呈紫红色，基部叶片先凋萎脱落，然后全株枯死。将根冠切开，可见根冠中央有明显褐化腐败现象（图1-36）。被害根横切面维管束内有乳浊状细菌溢流出。一般生育期间发病甚少，一直到草莓采收末期，青枯现象才再度出现。

图1-35　发病数天后整株青枯　　　图1-36　根冠中央褐化腐败

17. 草莓黄萎病

病原菌为黑白轮枝菌 *Verticillium albo-atrum* Reinke dt Berthold 和大丽轮枝菌 *Verticillium dahliae* Klrmahn，属半知菌亚门轮枝孢属的真菌。

以上2种病菌都可侵害草莓引起黄萎病。初侵染外围叶片、叶柄产生黑褐色长条形病斑（图1-37），叶片失去生气和光泽，从叶缘和叶脉间开始变成黄褐色萎蔫（图1-38），干燥时枯死。新嫩叶片感病表现无生气，变成灰绿色或淡褐色下垂，继而从下部叶片开始变成青枯状萎蔫，直至整株枯死。被害株叶柄、果梗

图1-37　叶柄上的长条形病斑　　　图1-38　叶片黄褐色萎蔫

和根茎横切面可见维管束的部分或全部变褐，根在发病初期无异常。病株死亡后地上部分变黑褐色腐败，当病株下部叶片变黄褐色时，根变成黑褐色而腐败。有时在植株的一侧发病，而另一侧健在，呈现所谓"半身凋萎"症状（图1-39）。病株基本不结果或果实不膨大。夏季高温季节不发病。心叶不畸形黄化，中心柱维管束不变红褐色。

图1-39 植株半身凋萎状

18. 草莓枯萎病

病原菌 *Fusarium oxysporum* Schl.f.sp.*fragariae* Winks et Willams 为半知菌亚门瘤座菌科的尖孢镰刀菌草莓专化型真菌。

草莓枯萎病多在苗期或开花至收获期发病。初时仅心叶变成黄绿色或黄色（图1-40），有的卷缩或呈

图1-40 心叶变成黄色或黄绿色

波状产生畸形叶，导致病株叶片失去光泽，植株生长衰弱，在3片小叶中往往有1～2片畸形或变狭小硬化，且多发生在一侧。老叶呈紫红色萎蔫（图1-41），然后叶片枯黄，最后全株枯死。受害轻的病株症状有时会消失，而被害株的根冠部、叶柄、果梗维管束变成褐色至黑褐色（图1-42）。轻病株结果减少，果实不能正常膨大，品质变劣和减产，匍匐茎明显减少。枯萎与黄萎近似，但枯萎心叶黄化，卷缩或畸形，主要发生在高温期，区别于黄萎病。

图1-41　老叶呈紫红色萎蔫

图1-42　根冠受害状

19．草莓芽枯病

　　草莓芽枯病也称草莓立枯病，病原菌 *Rhizoctonia solani* Kuhn 属半知菌亚门的丝核菌，与蔬菜类的立枯病相同，为世界性分布的土壤真菌，有性阶段为担子菌亚门薄膜革菌属的 *Pellicularia filamentosa* 真菌。

　　芽枯病菌在土壤中腐生性很强，在草莓上主要危害花蕾、新芽、托叶和叶柄基部，引起苗期立枯，成株期茎叶腐败、根腐和烂果等。植株基部发病时，在近地面部分初生无光泽褐斑，逐渐凹陷，并长出米黄色至淡褐色蛛巢状菌丝体，有时能把几个叶片辍连在一起（图1-43）。侵害叶柄基部和托叶时，病部干缩直立，叶片青枯倒垂（图1-44）。开花前受害时，使花序失去生气并逐渐青枯萎倒（图1-45），急性发病时呈猝倒状。花蕾和新芽染病后逐渐萎蔫，呈青枯状或猝倒，后变成黑褐色枯死。茎基部和根部受害皮层腐烂（图1-46），地上部干枯，容易拔起。

图1-43 植株基部无光泽的凹陷褐斑

图1-44 叶柄和托叶干缩状

图1-45 花序青枯萎倒状

图1-46 茎基部和根受害皮层腐烂状

20．草莓菌核病

病原菌 *Sclerotinia sclerotiorum* (Lib.) Massee 一般称油菜菌核病菌，为子囊菌亚门核盘孢属真菌，与黄瓜、莴苣等菌核病是同一个菌种。

菌核病菌腐生性强，草莓叶柄、新芽、果梗、果实被侵染发病后变褐腐败（图1-47），并在病部长出浓密的绵毛状菌丝体，最后形成不规则黑色鼠粪状菌核，重病株常腐败致死（图1-48）。

图1-47 叶柄、新芽、果梗、果实染病变褐腐败

图1-48 病株腐败死亡

21. 草莓茎线虫病

病原线虫为 *Ditylenchus dipsaci*，目前有6个生理小种均能感染草莓，在草莓体内寄生和繁殖。

草莓茎线虫在一个植株体内可以生存几个至几千个虫体，寄生于地上部所有器官，其中包括浆果。感染后可使草莓叶柄隆起，花萼短、厚、卷，花茎和匍匐茎短粗，叶片发皱，植株矮化（图1-49），

图1-49 叶柄、花萼、花茎、叶片受害状

21

在花和果实部位形成虫瘿，使花和浆果畸形（图1-50）。

图1-50　果实受害状

22．草莓线虫病

病原线虫为 *Aphelenchoides fragariae*，其次是 *A.besseyi* 和 *A.ritzemabosi*。

草莓线虫主要寄生于草莓叶腋及芽部，在正常发育的芽和叶片表面取食。当叶片展开后表现出皱缩、扭曲，而且比正常叶片小。线虫取食过程中还破坏花芽，引起果实产量严重下降。当线虫与病原菌交互感染时常使植株地上部矮化，茎短缩成大约1厘米高且强烈膨大和多分支，形成大量新芽，致使花蕾凑在一起形似"花甘蓝"（图1-51）；

图1-51　地上部受害呈花甘蓝状

有的表现为叶柄变细，没有绒毛，呈紫红色；有的表现为叶丛中央的叶片发育不足，形成没有叶片的叶子，呈锥状。

23. 草莓芽线虫病

病原线虫为 *Nothotylenchus acris*。

寄生部位和危害症状与草莓线虫很相似。在夏天的匍匐茎和苗上，以及定植后的植株或收获后的母株上面，几乎在每个发育阶段都有所发现。受害程度轻时，新叶扭曲成畸形（图 1-52），叶色变浓，光泽增加。症状加重则植株萎蔫，芽和叶柄变成黄色或红色（图 1-53），往往可见到所谓的"草莓红芽"症状。主芽受到侵害时，而叶芽还可生长，形成大量新芽。花芽受侵害后，轻者使发生的花蕾、花的萼片及花瓣变成畸

图 1-52 轻度危害时叶片畸形

形，重者花芽变成了"光头"，最后退化、消失。寄生部位主要在叶腋和芽部以及花、花蕾、花托等，全部为外寄生。为了诊断线虫的有无，将草莓芽用水仔细洗，切碎，装在有水的玻璃

图 1-53 芽和叶柄受害变成红色，称草莓红芽

容器里或贝尔曼装置里，经 1 小时左右，多数则有数 10 条线虫游出来，用放大镜或显微镜观察，即容易诊断。

24. 草莓根结线虫病

病原线虫以 *Meloidogyne hapla* 为主，局部地区由 *M.javanica* 或 *M.incognita* 引起。

受害植株根系有很小的根结，侧生营养根增生，根系不发达（图 1-54），地上部生长弱，叶片变黄（图 1-55），植株萎缩而枯死。

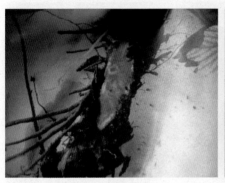 

图 1-54 根系受害状　　　　图 1-55 受害植株叶片变黄、萎缩状

25. 草莓根腐线虫病

病原线虫主要由短体线虫属引起，其中世界性分布危害最重发生最广的种是 *Pratylenchus penetrans*，其他种有 *P.vulnus*，*P.crenatus*，*P.tenuis*，*P.scribneri*，*P.brachyurns*，*P.zeae* 等。

根腐线虫病发病初期叶缘变成红褐色，以后整个叶呈紫褐色，严重时植株凋萎枯死（图 1-56）。幼株根坚硬，变成褐色，成株根上有椭圆形病斑，黄褐色至黑褐色（图 1-57）。

图 1-56 受害严重时植株凋萎枯死

图 1-57 成株病根黄褐色至黑褐色

26. 草莓轻型黄边病毒病

草莓轻型黄边病毒 Strawberry mild yellow edge virus (SMYEV) 为球状病毒粒体，直径约 23 纳米。

草莓轻型黄边病毒单独侵染栽培种草莓时，无明显症状，仅致病株轻微矮化（图 1-58）。与其他病毒复合侵染，引起黄化或叶缘失绿，植株生长和产量严重减少，严重时全株枯死。

图 1-58 受害植株轻微矮化

27. 草莓斑驳病毒病

草莓斑驳病毒 Strawberry mottle virus (SMoV) 为球状病毒粒体，直径为 25 ~ 30 纳米。

此病毒单独侵染栽培种草莓时，往往不表现明显症状，但病株长势衰退，果实品质下降，一般减产 20% ~ 30%。草莓斑驳病毒与草莓镶脉病毒复合侵染时，在草莓栽培品种上不产生症状，但导致植株生长减弱、产量下降。与草莓皱缩病毒复合侵染时，

图1-59　植株受害状

在栽培品种和指示植物上都可产生皱缩症状。与草莓轻型黄边病毒复合侵染时，在感病品种和指示植物上则产生褪绿或黄边（图1-59）、植株矮化、浆果少且小等综合症状。

28. 草莓皱缩病毒病

草莓皱缩病毒 Strawberry crinkle virus (SCrV) 为弹状病毒粒体，粒体长为 190 ~ 380 纳米。

草莓皱缩病毒病在世界各地几乎都有分布，是危害草莓最大的病毒病。强毒株系单独侵染时，严重降低草莓生长势和产量，植株矮化，一般减产 35% ~ 40%。弱毒株系单独侵染时，也使草

莓匍匐茎的数量减少，繁殖力下降，果实变小。皱缩病毒与其他病毒复合侵染，造成的损失更大。如皱缩病毒与斑驳病毒复合侵染，使感病品种严重矮化。若皱缩病毒与斑驳病毒、镶脉病毒或轻型黄边病毒三者复合侵染，危害更为严重，草莓产量大幅度下降，甚至绝产。在感病种上的典型症状为叶片畸形，叶片上产生褪绿斑，沿叶脉出现小的不规则状褪绿斑及坏死斑，叶脉褪绿及透明。幼叶生长不对称，扭曲及皱缩，小叶黄化，叶柄短缩，叶片变小，植株矮化（图1-60）。

图1-60　植株叶片受害状

29. 草莓镶脉病毒病

草莓镶脉病毒 Strawberry vein banding virus（SVBV）是花椰菜花叶病毒组 Caulimo Virus 的成员之一。病毒粒体球形，直径40～50纳米。

草莓镶脉病毒单独侵染栽培种草莓时，无明显症状，但对草莓生长和结果有影响。与斑驳病毒或轻型黄边病毒复合侵染后，病株叶片皱缩，扭曲，植株极度矮化（图1-61）。

图 1-61　植株幼叶和叶脉受害状

30. 草莓丛枝病

草莓丛枝病 *Strawberry witches broom* disease 为类菌原体 Myoplasma-like organisms (MLOs)，长 200～700 纳米、宽 100～300 纳米。

类菌原体集中分布在寄主韧皮部组织里。我国栽培的春香、宝交早生等感病株，表现为植株变黄，出现丛枝，花瓣变小，发绿，花整个或部分不育，全株矮缩，匍匐茎极端短缩，使子株与母株紧密相连，叶片小，叶柄长。有的虽能结果，但果实畸形，僵缩褪色，严重影响产量和品质（图 1-62）。

图 1-62　受害植株丛枝状

31. 草莓绿瓣病

草莓绿瓣病 Strawberry green petal 病原是 MLOs，为类菌原体。

草莓绿瓣病是草莓的一种毁灭性病害，受害株果实全部丧失商品价值。在草莓上，病株的主要症状是花瓣变成绿色(图1-63)，并且几片花瓣常连生在一起，变绿的花瓣后期变成红色。浆果瘦小呈尖锥形(图1-64)，花托延长(图1-65)，基部扩大并变成红色。叶片边缘失绿或变黄，叶柄短缩，植株严重矮化，呈丛簇状。病株在仲夏往往衰萎和枯死。但有些病株还能暂时恢复正常，有的病株花部全都变为叶片。

图1-63　受害花瓣变成绿色

图1-64　受害浆果瘦小呈尖锥形

图1-65　受害花托延长

二、生理病害诊断

1. 草莓嫩叶日灼病

主要危害是中心嫩叶叶缘急性干枯死亡，干死部分褐色或黑褐色（图2-1）。由于叶缘细胞死亡，而其他部分细胞迅速生长，所以受害叶片多数像翻转的酒杯或汤匙（图2-2），受害叶片明显变小。

图2-1　受害叶片干缩死亡，死亡部分褐色或黑褐色

图2-2　受害叶片像翻转的酒杯或汤匙

2. 草莓生理性白化叶

草莓生理性白化叶也被称为六月黄（JY）、短暂黄、条纹黄、严重条纹、白条纹和杂纹，是一种在世界范围内发生且逐渐恶化

的病害。感病株叶片上出现不规则、大小不等的白色斑纹或斑块，白斑或白纹部分叶脉完全失绿，但细胞完全存活（图2-3）。重病植株矮小（图2-4），叶片光合能力下降或基本丧失，越冬期间极易死亡。

图2-3 受害叶片出现白化斑块和白化斑纹

图2-4 重病植株矮小

3. 草莓生理性白化果

浆果成熟期褪绿后不能正常着色，全部或部分果面呈白色或淡黄白色，界限明显（图2-5），白色部分种子周围常有一圈红色，病果味淡、质软，果肉成杂色、粉红色或白色（图2-6），很快腐败。

图2-5 病果部分白色

图2-6 病果果肉呈粉红色或白色

4. 草莓生理性叶烧

在叶缘发生茶褐色干枯，一般在成龄叶片上出现，轻时仅在叶缘锯齿状部位发生（图2-7），严重时可使叶片大半枯死（图2-8）。枯死斑色泽均匀，表面干净，无"V"型褐斑病、褐色轮斑病、叶枯病、褐角斑病、叶斑病等侵染性病害所特有的症状。一般雨后或灌水后旱情缓解，病情也随之缓解和停止发展。

图2-7　发病轻时叶缘发生茶褐色干枯　　图2-8　发病严重时叶片大半枯死

5. 草莓冻害

一般在秋冬和初春期间气温骤降时，或设施栽培室温控制不当时发生。有的叶片部分冻死干枯（图2-9），有的花蕊和柱头受冻后柱头向上隆起干缩，花蕊变黑褐色并死亡（图2-10），幼果

图2-9　叶片部分冻死干枯

受冻时变成暗红色干枯僵死（图 2-11），大果受冻后发阴变褐。

图 2-10　受冻后花蕊变成黑褐色并死亡　　图 2-11　幼果受冻后变成暗红干枯僵死

6．草莓雌蕊退化

柱头不发达，雌蕊不见，包括许多不同程度的退化花，根颈、花茎和花梗拉长（图 2-12），但雄蕊正常。花小，雌蕊退化，花托不膨大，最终变黑枯死（图 2-13）。

图 2-12　花茎和花梗拉长　　　　图 2-13　花托不膨大，变黑枯死

7. 草莓帚状乱形果

第一花序的花由伞状集合成扫帚状，在顶端产生鸡冠形果，或两果、多果长连在一起形成双头果或多头果(图2-14,图2-15)，影响商品价值。

图2-14　鸡冠形果

图2-15　多头果

8. 草莓畸形果

果实有的部分过肥，有的部分过瘦，有的呈鸡冠状、扁平状或凹凸不整等形状(图2-16至图2-18)，降低或丧失商品价值。

图2-16　果实部分过肥、部分过瘦

图 2-17　果实凹凸不整

图 2-18　果实棱沟状

9. 草莓果实日灼病

　　盛夏植株阳面无叶片覆盖的果实，其向阳面初期颜色变淡，后呈白色（图 2-19），进而果皮变成褐色至红褐色坏死（图 2-20）。

图 2-19　果实受害部呈白色

图 2-20　受害严重时果皮变成红褐色

10. 植物生长调节剂药害

　　草莓设施栽培中，有的喷赤霉素过量致使叶柄特别是花茎徒长（图 2-21），从而花小、果小，严重影响产量（图 2-22）。喷施

三唑类药物如多效唑过量致使植株过于矮化紧缩（图 2-23）。

图 2-21　花茎徒长

图 2-22　花小、果小

图 2-23　植株矮化紧缩

11. 缺　氮

　　草莓植株缺氮时的外部症状，由轻微至明显取决于叶龄和缺氮程度。一般刚开始缺氮时，特别在生长盛期，叶片逐渐由绿色向淡绿色转变（图 2-24），随着缺氮的加重，叶片变为黄色（图 2-25），局部枯焦而且比正常叶略小（图 2-26）。幼叶或未成熟的叶片，随着缺氮程度的加剧，叶片反而更绿。老叶的叶柄和花萼则呈微红色（图2-27），叶色较浅或呈现锯齿状的亮红色。果实常因缺氮而变小。轻微缺氮时田间往往看不出来，并能自然恢复。

图2-24 开始缺氮时叶片由绿色变成淡绿色　图2-25 缺氮加重时叶片变为黄色

图2-26 缺氮加重时局部枯焦，叶片变小　图2-27 缺氮加重时叶柄和花萼变为微红色

12. 缺　磷

　　缺磷植物的全部代谢活动都不能正常进行。每生产1吨草莓浆果约需吸收五氧化二磷1.4千克。缺磷症状要细心观察才能看出，草莓缺磷时，植株生长弱，发育缓慢，叶色带有青铜暗绿色（图2-28），缺磷的最初表现为叶片深绿色，比正常叶小。缺磷加重时，有些品种的上部叶片外观呈黑色（图2-29），具光泽，下部

叶片的特征为淡红色至紫色（图2-30），近叶缘的叶面上呈现紫褐色斑点。较老叶龄的上部叶片也有这种特征。缺磷植株的花和果比正常植株要小，有的果实偶尔有白化现象。根部生长正常，但根量少，颜色较深。缺磷草莓的顶端受阻，明显比根部发育慢。

图2-28　叶片呈青铜暗绿色

图2-29　缺磷加重时叶片呈黑色

图2-30　下部叶片为淡红色至紫色

13. 缺　钾

　　草莓开始缺钾的症状常发生在新成熟的上部叶片，叶片边缘出现黑色、褐色和干枯（图2-31），继而发展为灼伤（图2-32），还可在大多数叶片的叶脉之间向中心发展危害，包括中肋和短叶柄的下面叶片产生褐色小斑点，几乎同时从叶片到叶柄发暗并变为干枯或坏死，这是草莓特有的缺钾症状。草莓缺钾，较老的叶片受害重，较幼的叶片不显示症状。光照会加重叶片的灼伤，所以缺钾易与"日灼"相混淆。灼伤叶片的叶柄常发展成浅棕色至暗棕色，有轻度损害，以后逐渐凋萎。缺钾草莓的果实颜色浅，质地柔软，没有味道。根系一般正常，但颜色暗。轻度缺钾可自然恢复。

图 2-31　叶片边缘出现黑色、褐色和干枯

图 2-32　严重时发展为灼伤

14. 缺　钙

　　缺钙使根系停止生长，根毛不能形成，果实贮藏寿命缩短，品质降低，并引起一系列生理病害。草莓缺钙最典型的是叶焦病、硬果、根尖生长受阻和生长点受害。叶焦病在叶片加速生长期频繁出现，其特征是叶片皱缩或缩成皱纹，有淡绿色或淡黄色的界限（图 2-33），叶片褪绿，下部叶片也发生皱缩，顶端不能充分展开，变成黑色（图 2-34）。在病叶叶柄的棕色斑点上还会流出糖浆状水珠，大约在下面花茎 1/3 的距离也会出现类似的症状。缺钙使花萼变成黑褐色（图 2-35），浆果表面有密集的种子覆盖，

未展开的果实上种子可布满整个果面，果实组织变硬，味酸。缺钙时草莓的根短粗、色暗，以后呈淡黑色。在较老叶片上的症状表现为，叶色由浅绿色至黄色，逐渐发生褐变、干枯(图2-36)。

图2-33 缺钙使叶片皱缩

图2-34 顶端不能充分展开，变成黑褐色

图2-35 缺钙使花萼变成黑褐色

图2-36 缺钙使较老叶片褐变干枯

15. 缺 镁

草莓成熟叶片缺镁时，最初上部叶片边缘黄化和变褐枯焦(图

2-37)，进而叶脉间褪绿并出现暗褐色斑点（图2-38），部分斑点
发展为坏死斑，形成有黄白色污斑的叶片。枯焦加重时，基部叶
片呈淡绿色并肿起，枯焦现象随着叶龄增长和缺镁加重而发展，
幼嫩的新叶通常不显示症状。缺镁植株的浆果通常比正常果红色
较淡，质地柔软，有白化现象。根量则显著减少。

图2-37 叶片边缘变褐枯焦

图2-38 叶脉间褪绿，出现暗褐色斑点

16. 缺 硼

草莓早期缺硼的症状表现为幼龄叶片出现皱缩和叶焦，叶片
边缘黄色，生长点受伤
害，根短粗、色暗。随
着缺硼的加剧，老叶的
叶脉间有的失绿，有的
叶片向上卷（图2-39）。
缺硼植株的花小、果小，
授粉和结实率降低，果
实畸形（图2-40）或呈
瘤状。种子多，有的

图2-39 老叶叶脉间失绿，叶片边缘上卷

果顶与萼片之间露出白色果肉，果实品质差，严重影响产量。

图 2-40　果实畸形

17. 缺　铁

　　缺铁的最初症状是幼龄叶片黄化或失绿，但是还不能肯定是缺铁，当黄化程度发展并进而变白（图2-41），发白的叶片组织出现褐色污斑时，则可断定为缺铁（图2-42）。草莓中度缺铁时，叶脉（包括小的叶脉）为绿色，叶脉间为黄白色（图2-43）。叶脉转绿复原现象可作为缺铁的特征。严重缺铁时，新成熟的小叶变白，叶片边缘坏死，或小叶黄化（仅叶脉绿色），叶片边缘和叶脉

图 2-41　病株叶片黄化进而变白

图 2-42　叶片发白出现污斑

间变褐坏死（图2-44）。缺铁草莓植株的根系生长弱，缺铁对果实影响很小。严重缺铁时，草莓单果重减小、产量降低。

图2-43 叶脉绿色，叶脉间黄白色

图2-44 叶片边缘变褐坏死

18. 缺 锌

轻微缺锌的草莓植株一般不表现症状。缺锌加重时，较老叶片会变窄（图2-45），特别是基部叶片，缺锌越重窄叶部分越伸长，但缺锌不发生坏死现象。缺锌植株在叶龄大的叶片上往往出现叶脉和叶片表面组织发红的症状。严重缺锌时新叶黄化（图2-46），但叶脉仍保持绿色或微红，叶片边缘有明显的黄色或淡绿色的锯齿形边。缺锌植株纤维状根多且较长。果实一般发育正常，但结果量少，果个变小。

图2-45 较老叶片变窄

图 2-46 病株新叶黄化

19. 缺 锰

缺锰的初期症状是新发生的叶片黄化，这与缺铁、缺硫、缺钼时全叶呈淡绿色的症状相似。缺锰进一步发展，则叶片变黄，有清楚的网状叶脉和小圆点（图 2-47），这是缺锰的独特症状。缺锰加重时，主要叶脉保持暗绿色，而在叶脉之间变成黄色（图 2-48），有灼伤，叶片边缘向上卷（图 2-49）。灼伤会呈连贯的放射状横过叶脉而扩大。缺锰植株的果实较小，但对品质无影响。

图 2-47 叶片变黄，有网状叶脉

图 2-48 叶脉暗绿色，叶脉间黄色

锰过多又会减低植物体内有效铁的含量，引起失绿症。

图 2-49　严重时叶缘上卷，有灼伤

20. 缺　铜

　　草莓缺铜的早期症状是未成熟的幼叶均匀地呈淡绿色（图 2-50），这与缺硫、缺镁和缺铁的早期症状类似。不久，叶脉之间的绿色变得很浅，而叶脉仍具有明显的绿色（图 2-51），逐渐在叶脉和叶脉之间有一个宽的绿色边界，但其余部分都变成白色，出现花白斑。这是草莓缺铜的典型症状。缺铜对草莓根系和果实不显示症状。铜过剩，新叶叶脉间失绿，诱发出缺铁症。

图 2-50　缺铜早期幼叶呈均匀淡绿色

图 2-51　叶脉间绿色变浅，叶脉仍具明显绿色

21. 缺 硫

　　缺硫时胱氨酸不能形成，代谢作用受阻，硫是蛋白质的组成成分，对叶绿素的形成也有一定影响。缺硫与缺氮症状差别很少。缺硫时叶片均匀地由绿色转为淡绿色（图 2-52），最终成为黄色（图 2-53）。缺氮时较老的叶片和叶柄发展为呈微黄色，而较幼小的叶片实际上随着缺氮的加强而呈现绿色。相反地，缺硫植株的所有叶子都趋向于一直保持黄色。缺硫的草莓浆果有所减小，其他无影响。

图 2-52　缺硫时叶片呈淡绿色

图 2-53　缺硫叶片进一步变成黄色

22. 缺 钼

缺钼会阻碍糖类的形成，维生素 C 含量减少，呼吸作用减弱，抗逆性下降。草莓初期的缺钼症状与缺硫相似，不管是幼龄叶或成熟叶片最终都表现为黄化。随着缺钼程度的加重，叶片上面出现枯焦，叶缘向上卷曲(图2-54)。除非严重缺钼，一般缺钼不影响浆果的大小和品质。

图 2-54　缺钼加重叶片黄化枯焦、卷起

三、虫害诊断

1. 古毒蛾

古毒蛾（*Orgyia Antiqua* Linnaeus）又名落叶松毒蛾、缨尾毛虫、褐纹毒蛾、桦纹毒蛾，属鳞翅目毒蛾科。

图 3-1 古毒蛾幼虫为害叶片状

幼龄幼虫主要食害草莓的嫩芽、幼叶和叶肉，幼虫食叶呈缺刻和空洞，严重时把叶片食光（图3-1）。

雌蛾纺锤形，体长 10 ~ 20 毫米，头胸部较小，体肥大，翅退化，仅有极小翅痕，体被灰黄色细茸毛，复眼球形，触角丝状，足被黄毛，爪腹面有短齿；雄蛾体长 8 ~ 10 毫米，翅展 25 ~ 30 毫米，体锈褐色，触角羽状，前翅黄褐色。

卵圆形、稍扁，直径约 0.9 毫米，白色或淡褐色，中央凹陷。

幼虫体长 25 ~ 36 毫米，头黑褐色，体黑灰色，有红、白灰纹，腹面浅黄色，胴部有红色或淡黄色毛瘤，瘤上生黄色或黑色毛。前胸呈橘黄色，两侧及第八腹节背面中央各有 1 对束状黑长毛，腹部第一至第四节背面各有一黄白色刷状毛丛，第一节和第二节侧面各有 1 束黑长毛 (图 3-2)。雄蛹 10 ~ 12 毫米，锥形；雌蛹 15 ~ 21 毫米，较细长，黑褐色，被灰白色茸毛。茧丝质较薄，灰黄色，上有幼虫体毛和碎叶等杂物 (图 3-3)。

图 3-2　古毒蛾幼虫

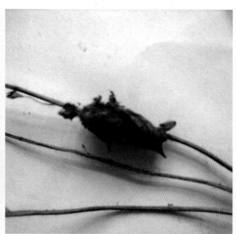

图 3-3　古毒蛾茧

2. 茸毒蛾

茸毒蛾 [*Dasychira pudibunda* (Linnaeus)] 又名苹叶纵纹毒蛾、苹毒蛾、苹红尾毒蛾，属鳞翅目毒蛾科。

茸毒蛾主要为害叶片，食量较大 (图 3-4)。除草莓外，还可以为害多种林木果树及草本植物。

成虫体长 20 毫米，雄蛾翅展 35 ~ 45 毫米 (图

图 3-4　茸毒蛾为害叶片状

3-5)，雌蛾翅展 45 ~ 60 毫米（图 3-6）。头胸部灰褐色，触角双
栉齿形，复眼周围黑色，中间密布黑褐色鳞片。前翅灰白色，有
黑色和褐色鳞，后翅白色带黑褐色鳞。雄蛾体褐色，雌蛾色浅。

图 3-5　茸毒蛾雄成虫

图 3-6　茸毒蛾雌成虫

图 3-7　茸毒蛾幼虫

卵淡褐色，扁球形，
中央有一凹陷。

幼虫体被黄色长毛，
体长 35 ~ 52 毫米，头淡
黄色，体近圆筒形，绿
黄色或黄褐色（图 3-7）。

蛹黄绿色至淡褐色，
背面有较长毛束，腹面
光滑。臀棘短圆锥形，末端有许多小沟。蛹被黄褐色疏丝茧包裹，
上有幼虫毒毛。

3．小白纹毒蛾

小白纹毒蛾（*Notolophus australis posticus* Walker）又名
毛毛虫、刺毛虫、棉古毒蛾等，属鳞翅目毒蛾科。

小白纹毒蛾主要为害草莓、丝瓜、萝卜、桃、葡萄、茶、棉
等多种作物和果树。初孵幼虫群集在叶片上，后逐渐分散，取食

花蕊及叶片，叶片被食成缺刻或空洞（图 3-8）。

雄成虫体长约 24 毫米，黄褐色，前翅具暗色条纹（图 3-9）；雌成虫翅退化，全体黄白色，呈长椭圆形，体长约 14 毫米。

卵白色，光滑。

幼虫体长 22 ～ 30 毫米，头部红褐色，体淡赤黄色，全身多处长有毛块，且头端两侧各具长毛 1 束。胸部两侧各有黄白色毛束 1 对，尾端背方亦生长 1 束毛（图 3-10）。

幼虫老熟后，在叶或枝间吐丝，结茧化蛹，蛹黄褐色。

图 3-8 小白纹毒蛾为害叶片状

图 3-9 小白纹毒蛾成虫

图 3-10 小白纹毒蛾幼虫

4. 肾纹毒蛾

肾纹毒蛾（*Cifuna locuples* Walker）又名大豆毒蛾、豆毒蛾、

**图 3-11 肾纹毒蛾
幼虫为害叶片状**

肾毒蛾,属鳞翅目毒蛾科。

肾纹毒蛾是草莓最主要毛虫之一。田间发生为害期长,食量大,初孵幼虫群集于叶背剥食叶肉,吃光一片后再群集于它叶剥食。二龄后将叶片吃成孔洞与缺刻,大龄幼虫可将全叶吃光(图 3-11)。

肾纹毒蛾成虫为中型蛾,雄蛾翅展 34～40 毫米、雌蛾 45～50 毫米。口器退化。口部和胸部深黄褐色,腹部褐黄色,足深黄褐色。前翅内区前半部褐色,布白色鳞,后半部褐黄白色,横脉肾形,褐黄色,深褐色边,外线深褐色,微向外弯;后翅淡黄色带褐色,横脉纹、端线色较暗,缘毛黄褐色(图 3-12)。

卵半球形,宽 0.55～0.65 毫米、高 0.4 毫米,初产淡青绿色,渐变暗,数十粒至一二百粒成块产于叶背及其他物体上。

幼虫体长 35～40 毫米,头部黑色,体黑褐色,前胸背面两侧各有 1 黑色大瘤,上有向前伸的黑褐色长毛束,腹部第一、第二节背面各有 2 丛粗大的棕褐色竖毛簇,两侧各有 2 丛平展的褐色长毛簇,形如机翼,故俗称飞机虫。胸足黑色,上方白色,腹足暗褐色(图 3-13)。

蛹长 21～24 毫米、宽 8～9 毫米,褐色,头、胸部黑褐色油亮,背面和侧面头胸腹部都有幼虫期毛瘤痕迹,上生棕黄色绒毛。臀棘黑色、粗壮、指状,末端生许多小沟。茧淡褐色疏松,长 25～30 毫米、宽 12～17 毫米。

图 3-12　肾纹毒蛾成虫　　　　　图 3-13　肾纹毒蛾幼虫

5. 丽木冬夜蛾

丽木冬夜蛾 (*Xylena formosa* Butler) 别名台湾木冬夜蛾, 属鳞翅目夜蛾科冬夜蛾亚科。

丽木冬夜蛾主要为害草莓、黑莓、牛蒡、豌豆、果树、烟草等。初孵幼虫专食嫩头、嫩心, 咬断嫩枝, 迟发的幼虫直接为害嫩蕾。虫口密度大时每头幼虫每天毁掉数个嫩头和叶片。

成虫体长 25 毫米左右, 翅展 54~58 毫米。头部和胫部浅黄色, 额和下唇缘红褐色, 胸部棕褐色, 腹部褐色。前翅浅褐灰色, 中线黑棕色, 肾纹大, 灰黑色, 后翅淡褐色, 足红褐色。

幼虫黄褐色, 约 4 个龄期。各龄幼虫变异很大, 一至三龄时体细长, 青绿色半透明, 头绿色, 进入三龄后期头体增至数倍, 体绒绿色, 背管青绿色, 各体节肥大, 节间膜缢缩, 4 龄体黄褐色至红褐色不透明, 前胸硬皮板黑褐色近方形 (图 3-14)。

图 3-14　丽木冬夜蛾幼虫

6. 红棕灰夜蛾

红棕灰夜蛾（*Polia illoba* Butler）又名桑夜蛾，属鳞翅目夜蛾科行军虫亚科。

红棕灰夜蛾主要于春秋两季食害草莓嫩心、嫩蕾、花序和幼果（图 3-15），春季为害严重。

图 3-15　红棕灰夜蛾幼虫为害状

成虫体长 15 ～ 17 毫米，翅展 38 ～ 41 毫米，头部及胸部红棕色，腹部褐色。前翅红棕色，基线及内线隐约可见双线波浪形，剑纹粗短，褐色，环纹、肾纹椭圆形，不明显，外线棕色，锯齿形，亚端线微白，内侧深棕色；后翅褐色，基部色浅（图 3-16）。

卵半球形，宽 0.6 ～ 0.7 毫米、高约 0.4 毫米。中部有约 50 条纵棱，棱间有细横格。初产淡绿色，后卵顶出现 1 ～ 2 个紫点，逐渐全卵变成紫褐色，卵块大（图 3-17）。

图 3-16　红棕灰夜蛾成虫

图 3-17　红棕灰夜蛾卵

幼虫初孵时淡灰褐色，腹部紫红色，满身布有大而黑的毛片。

7. 斜纹夜蛾

斜纹夜蛾 [*Prodenia litura* (Fabricius)] 又名莲纹夜蛾、莲纹夜盗蛾，属鳞翅目夜蛾科。

斜纹夜蛾主要为害草莓、葡萄、苹果、梨、蔬菜及农作物等多种植物。幼虫食叶、花蕾、花及果实，初食叶肉残留在表皮和叶脉，严重时可将叶片吃光（图3-18）。

成虫体长14～16毫米，翅展33～35毫米，头、胸、腹均深褐色，额有黑褐斑，颈板有黑褐横纹；胸部背面有白色丛毛，腹部前数节背面中央具有暗褐色丛毛。前翅灰褐色，基线、内线褐黄色（图3-19）。

卵扁半球形，直径0.4～0.5毫米。初产时黄白色，后转淡绿，孵化前紫黑色，卵粒集结成3～4层卵块。外覆灰黄色疏松的绒毛。

幼虫体长35～47毫米，头部淡褐色，胸部体色因寄主和虫口密度不同而异，黄土色、青黄色、灰褐色或暗绿色。胸足近黑色，腹足暗褐色。

蛹长15～20毫米，赭红色，腹部背面第四至第七节近前缘处各有1个小刻点。臀棘短，有1对强大而弯曲的刺，刺的基部分开。

图3-18　斜纹夜蛾为害叶片状

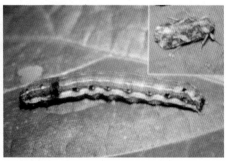

图3-19　斜纹夜蛾成虫和幼虫

8. 梨剑纹夜蛾

梨剑纹夜蛾(*Acronicta rumicis* Linnaeus)属鳞翅目夜蛾科。

梨剑纹夜蛾幼虫是为害草莓的主要毛虫之一，除大量为害叶片外，在春季还食害幼嫩花蕾、花序和幼果，可造成明显损失。

成虫体长14毫米左右，翅展32～46毫米，头部及胸部棕灰色杂黑白色，额棕灰色，有一黑条，跗节黑色间以淡褐色环；腹部背面浅灰色带棕褐色，基部毛簇微带黑色；前翅灰棕色杂白、黑色鳞片，后翅棕黄色，边缘深暗，缘毛白褐色(图3-20)。

卵半球形，宽约0.5毫米、高约0.35毫米。卵面中部有近白条纹棱，以双序式排列。纵棱间有微凹横格。初产乳白色，孵化前暗褐色。

幼虫为毛虫，初孵时灰绿褐色，被褐色长毛，背面有一列黑斑，斑中央有橘红色点，亚背线有一列白点，老熟幼虫体长28～33毫米。头部褐色，身体棕褐色，腹面紫褐色，腹部第一、第八节背面隆起。气门筛白色，围气门片黑色，各节有灰褐色短毛丛，毛片淡褐色，胸足、腹足黄褐色(图3-21)。

图3-20　梨剑纹夜蛾成虫

图3-21　梨剑纹夜蛾幼虫

9. 棉褐带卷蛾

棉褐带卷蛾(*Adoxophyes orana* Fischer Von Roslerstamm)又名苹小黄卷蛾、远东褐带卷蛾、茶小卷蛾、棉小卷蛾、橘(小黄)卷蛾、斜纹卷蛾、网纹褐卷蛾、桑斜纹卷蛾，属鳞翅目卷蛾科。棉褐带卷蛾主要为害草莓、豆类、棉花、黑莓、苹果、梨、山楂、桃、李、杏、柑橘等。幼龄幼虫食害嫩叶、新芽、花和果实，食叶肉呈纱状和孔洞，多雨时常腐烂脱落。

成虫体长6～9毫米，翅展13～23毫米，黄褐色。触角丝状，下唇须明显前伸较长，第二节背面成弧状，末节稍向下垂。前翅略呈长方形，基斑、中带、端纹深褐色，后翅淡黄褐色微灰。腹部淡黄褐色，背面色暗(图3-22)。

卵扁平、椭圆形，径长约0.7毫米，淡黄色，半透明，孵化前黑褐色，数十粒成块作鱼鳞状排列(图3-23)。

末龄幼虫体长13～15毫米，细长，翠绿色；头小，淡黄白色，略呈三角形，头壳两侧单眼区上方有1黑褐色斑，前胸盾和臀板与体色相似或淡黄色，胸足淡黄或淡黄褐色。低龄幼虫体淡黄绿色(图3-24)。

图3-22　棉褐带卷蛾成虫

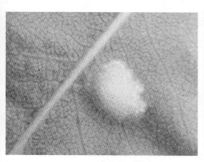

图3-23　棉褐带卷蛾卵

图3-24　棉褐带卷蛾幼虫

蛹长9～11毫米，较细长，初绿色后变成黄褐色，2～7腹节背面各有两横列刺，前列刺较粗，后列刺小而密，均不到气门。尾端有8根钩状臀刺，向腹面弯曲。

10. 棉双斜卷蛾

棉双斜卷蛾[*Clepsis (siclobola) strigana* Hubner]属鳞翅目卷蛾科卷蛾亚科。

棉双斜卷蛾为害草莓、黑莓、苹果、棉花、苜蓿、大麻等果树和作物。其第一代幼虫常成批毁坏草莓和黑莓的嫩心与幼嫩花序而造成损失。幼虫孵化后居草莓嫩心间，缀疏丝连成松散虫包，食害嫩叶、嫩心和幼蕾嫩花序，也可食害幼果。嫩叶展开后呈不规则圆形洞孔，花蕾、花及幼果上吃成洞孔或半残，并可食毁幼嫩花穗梗（图3-25）。

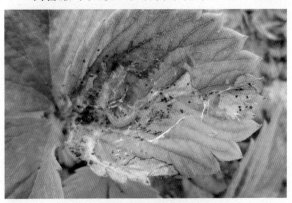

图3-25 棉双斜卷蛾为害叶片状

成虫为小型蛾，金黄色，体长约7毫米，翅展15～20毫米。唇须前伸。前翅淡黄色至金黄色，有金属光泽。雄蛾有前缘褶；后翅雄蛾为淡褐色，雌蛾呈黄白色。褶腹背如屋脊形（图3-26）。

卵扁平，淡黄白色，数粒至数十粒成块，鱼鳞状排列。孵化前色暗。

幼虫绿色带紫，老龄时长 12 ~ 15 毫米，头部及尾部偏小，略呈纺锤形。头黄绿略带淡褐色发亮，前胸硬皮板后缘两侧各有 1 斜菱形黑褐色纹，各节毛片及毛白色（图 3-27）。

图 3-26　棉双斜卷蛾成虫

图 3-27　棉双斜卷蛾幼虫

11. 草莓镰翅小卷蛾

草莓镰翅小卷蛾 [Anclis (Ancylis) comptana (Frolich)] 属鳞翅目卷蛾科。

草莓镰翅小卷蛾主要为害草莓、黑莓和月季等植物。幼虫在虫包内剥食叶肉，一生可食毁 1 ~ 3 片单叶（图 3-28）。

成虫为小型蛾，翅展 12 ~ 15 毫米。头部白色，唇须前伸，背面和里面发白，外面褐色至黑色。第二节

图 3-28　草莓镰翅小卷蛾虫包

鳞毛特长，末节有的全部被遮盖；前翅狭长，白褐色，顶角显著突出，加上缘毛上花纹，很像镰刀状，后翅及缘毛灰褐色（图3-29）。

卵长约0.5毫米、宽约0.3毫米，鲜黄色，扁长卵形，单粒或数粒稀疏排列，产于叶背。

幼虫细长，头淡黄褐色，上颚褐色，体黄绿色至绿色。前胸硬皮板黄绿带褐色，两侧各有1个近圆形黑斑。各体节长有前后两列毛片，毛片污白色，近圆形，微隆起，腹部各节背面4个毛片呈梯形排列。臀板两侧各有一近三角形黑斑（图3-30）。

图3-29　草莓镰翅小卷蛾成虫

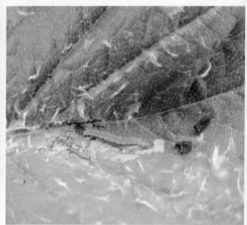

图3-30　草莓镰翅小卷蛾幼虫

12. 大蓑蛾

大蓑蛾（*Clania variegata* Snellen）又名大袋蛾等，属鳞翅目蓑蛾科。

大蓑蛾幼虫是多种果树和林木的重要害虫，在草莓上严重为害年份可把地上部分全部吃光。

成虫雌蛾乳白色肥蛆状，无翅无足，体长28～36毫米，雄

60

蛾翅展 35 ~ 44 毫米，体黑褐色有淡色纵裂。前翅红褐色，有黑色和棕色斑纹，在室外方有 3 个较大亮斑。后翅黑褐色，略带红褐色，前、后翅中室内中脉叉状分支明显（图 3-31）。

卵长 0.8 ~ 1 毫米、宽约 0.5 毫米，淡黄色光亮。

老熟幼虫雌体长 30 ~ 35 毫米，肥胖多皱，身体棕褐色，前胸盾淡灰黄色，有许多深褐斑。背线黑褐色，两侧有黄褐色纵带，腹部

图 3-31　大蓑蛾雄成虫

较胸部色深，亚背线部位有黑褐色斑点，气门线色较浅，腹面黑褐色，气门较圆，黑色；胸足棕褐色，腹足与体色相同（图 3-32）。袋囊丝质，长 50 ~ 60 毫米，外黏树叶破皮（图 3-33）。

蛹雌体长 25 ~ 30 毫米，红褐色，雄体长 18 ~ 24 毫米，黑褐色。

图 3-32　大蓑蛾幼虫

图 3-33　大蓑蛾袋囊

13. 花 弄 蝶

花弄蝶(*Pyrgus maculatus* Bremer et Grey)又名山茶斑
弄蝶,属鳞翅目蝶亚目弄蝶科。

花弄蝶主要为害草莓、黑莓等。幼虫以白色粗丝缀连 1 至数
叶呈开放式虫包,头伸出包外取食叶片,幼虫食叶呈缺刻或孔洞,
严重时仅残留叶柄,影响开花结实及幼苗繁育。

成虫体长 12 ~ 16 毫米,翅展 27 ~ 30 毫米。体背及翅面黑
褐色,翅基及后翅内缘区被灰绿色细绒毛。复眼黑褐色、光滑,
触角棒状。后翅与前翅同色,约有 8 个白斑,中部 2 个较大,外
缘 6 个较小,各足棕色(图 3-34,图 3-35)。

图 3-34 花弄蝶雌成虫 　　　　图 3-35 花弄蝶雄成虫

卵淡绿色,半球形,宽约 0.7 毫米,高约 0.6 毫米。卵面有纵棱。

幼虫体形似直纹稻苞虫,黄绿色至绿色,长 18 ~ 22 毫米,
头棕褐色至棕黑色毛绒状,胸部明显细缢似颈,褐色至黑褐色,
角质化。胸部宽大,至尾部逐渐变狭,末端圆。胸足黑色,腹足 5 对,
气门细小,暗红色。中胸至腹部各节体表密布淡黄白色小毛片及
细毛。

蛹长 18 ~ 20 毫米、宽 4.2 ~ 5 毫米，较粗壮。初淡绿色、半透明，渐变成淡褐色至褐色。翌日后体表出现蜡质白粉，并逐渐加厚。腹末有臀棘 4 根，末端钩状。头顶有淡棕色毛簇。

14. 大造桥虫

大造桥虫 [*Ascotis selenaria* (Denis&schif)] 又名棉大造桥虫等，属鳞翅目尺蛾科。

大造桥虫在草莓上主要食害叶片，初孵幼虫剥食正面叶肉，2 龄后即吃成缺刻和孔洞，中老龄幼虫可将全叶吃光，严重时仅剩主脉，也可食害花蕾、花部和幼果。除草莓外，还可为害柑橘、树莓、柿、梨、棉花、大豆、花生、多种蔬菜等果树和农林作物。

雌蛾体长约 16 毫米，体色变异较大，一般淡灰褐色，散布黑褐色及黄色鳞片，前后翅上的 4 个星及内外线为暗褐色，前翅暗灰带白色，杂黑色及黄色鳞片，底面银灰色。内外横线黑褐色波状，前翅中线不完整，后翅的完整；两翅中室顶角处均有一环状纹。缘毛有褐斑 (图 3-36)。

卵长约 0.73 毫米、宽 0.39 毫米。

老熟幼虫体长 38 ~ 49 毫米，圆筒形，行动或静止时身体中间常拱起作桥状，故名造桥虫 (图 3-37)。头黄褐色，比前胸明显宽大，头顶两侧有黑点 1 对。胸足褐色，腹足黄绿色，端部黑色。

图 3-36 大造桥虫成虫

图 3-37 大造桥虫幼虫

15. 大青叶蝉

大青叶蝉 [*Cicadella viridis* (Linnaeus)] 又称大绿浮尘子、尿皮虎,属同翅目叶蝉科大叶蝉亚科。

大青叶蝉广泛分布于全国各地,以成虫和若虫刺吸草莓叶片、叶柄及花序的汁液,一般造成轻度损失。但大青叶蝉在木本寄主枝条产卵,造成幼树抽条死亡现象则很严重。

成虫体长 8 ~ 10 毫米,青绿色,头部黄色,单眼间有 2 个黑色小点。前翅表面绿色,末端呈灰白色,半透明状。

卵长卵圆形,长约 1.6 毫米、宽 0.4 毫米,光滑,乳白色,上细下粗,中间稍弯曲,常 6 ~ 13 粒排成新月形。

初龄若虫体黄白色,三龄后呈黄绿色,体背有 3 条灰色纵体线;胸腹有 4 条纵纹,末龄若虫胸、腹部呈黑褐色,体线、翅芽明显,似成虫(图 3-38)。

图 3-38　大青叶蝉成虫和若虫

16. 草莓蓝跳甲

草莓蓝跳甲 (*Altica fragariae* Nakane) 又名蛇莓跳甲,属昆虫纲鞘翅目叶甲科。

草莓蓝跳甲成虫和幼虫食害草莓、蛇莓和水杨梅等植物的嫩心、嫩叶，在嫩叶上食成孔洞，在叶背剥食叶肉，发生为害期较长，对草莓生长有一定的影响（图3-39）。

成虫为小型叶甲，体为蓝黑色具金属光泽，初羽化时体表金橙色（图3-40）。体长卵圆形，长3.3～3.8毫米、宽1.7～2毫米。

卵细长卵圆形，淡黄色至橘黄色，多产于叶背，数粒至10多粒在一起，但互相分离。每粒表面有一黑色尿迹。

初孵幼虫头黑色，体黄色半透明，取食后变成绿色。成熟幼虫体淡黄褐色，胸足3对，胫节以下黑褐色，无腹足。体背有突起褐色毛片，前胸硬皮板褐色，胸部节间明显缢缩，腹面米黄色。

蛹长3～3.5毫米、宽1.5～1.8毫米。前翅向左右两侧张开，体黄至橘黄色，头部和胸部有淡褐色毛，以腹末胶质固着叶面。

图3-39　草莓蓝跳甲为害花状

图3-40　草莓蓝跳甲成虫

17. 草莓粉虱

草莓粉虱 [*Trialeurodes vaporariorum* (Westwood)] 属同翅目粉虱科。

草莓粉虱成虫与若虫群集于叶背，刺吸汁液，使叶片生长受阻变黄，影响植株的正常生长发育。由于成虫与若虫还能分泌大量蜜露，堆积于叶面和果实上，往往引起煤污病的发生，严重影响叶片的光合作用和呼吸作用，造成叶片萎蔫，甚至植株枯死。

成虫体长约1毫米，身白色，具翅两对。停息时双翅在体上合成屋脊状如蛾类，翅端半圆状，遮住整个腹部，翅脉简单，沿翅外缘有一排小颗粒（图3-41）。

图3-41 草莓粉虱成虫

卵长椭圆形，约0.2毫米，黏附于叶背（图3-42）。初产时淡绿色，覆有蜡粉，而后渐变褐色，孵化前呈黑色。若虫体扁圆，分节不清，淡黄色（图3-43）。

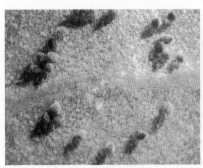

图3-42 草莓粉虱卵

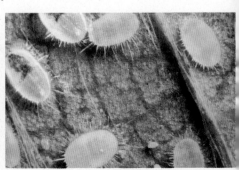

图3-43 草莓粉虱若虫

18. 二斑叶螨

二斑叶螨（*Tetranychus urticae* Koch）又名棉叶螨、棉红蜘蛛，属蛛形纲蜱螨目叶螨科。

二斑叶螨主要为害草莓、棉花、玉米、高粱、苹果、梨、西瓜、甜瓜、榆、梅等。主要在叶片背面刺吸汁液。为害初期，叶片正面出现若干针眼般枯白小点，以后小点增多，以至整个叶片枯白（图 3-44，图 3-45）。

图 3-44　二斑叶螨为害状之一

图 3-45　二斑叶螨为害状之二

雌螨体长 0.43～0.53 毫米、宽 0.31～0.32 毫米，背面观为椭圆形（图 3-46）。夏秋活动时期常为砖红色或黄绿色，深秋时多变为橙红色，滞育越冬，体色变为橙黄色。雄螨体长 0.36～0.42 毫米、宽 0.19～0.25 毫米，背面观略为菱形，远比雌螨小，淡黄色或淡黄绿色，活动较敏捷。阳具端锤弯向背面，微

图 3-46　二斑叶螨雌螨

小，两侧突起尖利，长度几乎相等。

卵直径约0.12毫米，球形，有光泽，乳白色、半透明，3天后转为黄色，随胚胎发育颜色逐渐加深，临孵化前出现2个红色眼点。幼螨半球形，淡黄色或黄绿色，足3对。若螨体椭圆形，足4对，静止期为绿色或墨绿色。

19. 朱砂叶螨

朱砂叶螨[*Tetranychus cinnabarinus* (Boisduval)]又名红叶螨、棉红蜘蛛，属蛛形纲蜱螨目叶螨科。

朱砂叶螨是温室和大棚栽培的重要虫害。其主要为害草莓、棉花、玉米、西瓜、向日葵、枣、枸杞等。在叶片背面刺吸汁液，发生严重时叶片苍白，生长委顿，甚至叶片枯焦脱落，田块如火烧状。

雌螨体长0.42～0.56毫米、宽0.26～0.33毫米，背面观卵圆形，红色，渐变锈红色或红褐色，无季节性变化。体两侧有黑斑2对，前1对较大，在食料丰富且虫口密度大时前1对大的黑斑可向后延伸，与体末的1对黑斑相连。足4对，无爪。足和体背有长毛。雄螨背面观略呈菱形，体长含喙约0.36毫米、宽约0.2毫米(图3-47)。

卵圆球形，直径约0.13毫米，有光泽，无色至深黄色带红点

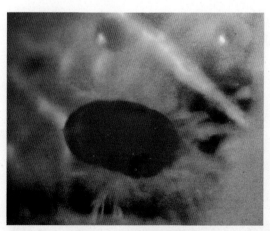

图3-47 朱砂叶螨成虫

（图 3-48）。幼螨长约 0.15 毫
米，近圆形，足 3 对。若螨足
4 对，但个体小。阳具端锤较
小，背缘突起，两角皆尖，约
等长。

图 3-48　朱砂叶螨卵

20.桃　蚜

桃蚜 [*Myzus persicae* (Sulzer)] 又名桃赤蚜，属同翅目蚜虫
科。

桃蚜在草莓吐蕾、花序始发期大批迁入草莓田，群聚花序、
嫩叶、嫩心和幼嫩花蕾上繁殖取食刺吸汁液，造成嫩头萎缩，嫩
叶卷曲皱缩、畸形，不能正常展叶，并可传播病毒，为害严重（图
3-49，图 3-50）。

图 3-49　桃蚜为害状之一

图 3-50　桃蚜为害状之二

有翅胎生雌蚜体长 2 ～ 2.6 毫米，体色多变。头胸部黑褐色，腹部绿色、黄绿色、褐色、赤褐色。体表粗糙，第七至第八节有网纹。腹管细长，圆筒形，端部黑色，额瘤显著。

卵长约 1.2 毫米，长椭圆形，初为绿色，后变成黑色，有光泽。若虫体小似无翅胎生雌蚜，淡红色或黄绿色。

21. 草莓根蚜

草莓根蚜（*Aphis forbesi* Weed）属同翅目蚜科。

主要群集在草莓根茎处的心叶及基部吸收汁液，致使草莓植株生长不良，新叶生长受抑制，严重时整株可枯死。嫩根被害后，造成地上部植株生长不良，叶片稀疏，皱缩卷曲变形。

无翅胎生雌蚜体长约 1.5 毫米，体肥，腹部稍扁，全体青绿色（图 3-51，图 3-52）。若虫体略带有黄色，形似成蚜。卵长椭圆形，黑色。

图 3-51　草莓根芽无翅胎生雌蚜

图 3-52　草莓根蚜为害状

22.蝗　虫

蝗虫(*Locusta migratoria* L.ph.solitaria)又名散居型亚洲飞蝗、蝗虫、蚱蜢、青头郎,直翅目蝗科。

蝗虫的成虫与若虫食叶,影响草莓植株发育(图 3-53)。

成虫体长 40 ～ 53 毫米,头、胸及后足腿节绿色,余为褐色;前胸背板的中隆线作弧形隆起(图 3-54)。

卵长约 6 毫米、宽约 1.3 毫米,长椭圆形,中间略弯,后端较粗,初产时浅黄色至肉红色,后变成淡灰黄色。卵粒倾斜排列成卵块,包裹在胶囊之中。若虫称为蝗蝻,共 5 龄。

图 3-53　蝗虫成虫群集为害

图 3-54　蝗虫成虫

23.短额负蝗

短额负蝗(*Atractomorpha sinensis* Bolivar)又名尖头蚱蜢、中华负蝗、圆额负蝗,属直翅目、蝗科。

短额负蝗主要为害草莓叶片,其若虫只在叶片正面剥食叶肉,低龄时留下表皮,高龄若虫和成虫将叶片食成孔洞或缺刻,似破布状。严重影响植株生长（图 3-55，图 3-56）。

雌虫体长约 32 毫米，前翅 26.5 ～ 28 毫米，成虫草绿色，从背面与侧面看好像禾本科植物绿叶（图 3-57，图 3-58），秋天则变成红褐色，像植物的枯叶（图 3-59）。秋季交尾（图 3-60）。头呈长锥形，较短，短于前胸背板。触角粗短、剑状。前翅狭长，超出后足腿节顶端的长度为全翅的 1/3，顶端较尖。后翅短于前翅，基部玫瑰色。卵细长略弯，土黄褐色，卵产于土下 1 厘米深处的膜质卵囊中，一般每囊产卵 30 粒左右。

图 3-55　短额负蝗为害叶片状

图 3-56　短额负蝗为害花状

图 3-57　短额负蝗雄成虫

图 3-58　短额负蝗雌成虫

图 3-59　短额负蝗老龄雌成虫　　　　　图 3-60　短额负蝗交尾状

24. 油葫芦蟋蟀

油葫芦蟋蟀（*Gryllus testaceus* Walker）属直翅目蟋蟀科。

油葫芦蟋蟀主要食害草莓嫩心和叶片，把叶片可吃成孔洞和缺刻，严重影响植株生长（图 3-61）。

成虫体长 27 毫米左右，黄褐色或黄褐带绛紫色，头黑色有反光，口器和两颊赤褐色。前胸背板黑色，有 1 对半月形斑纹，中胸腹板后缘有"V"形缺刻（图 3-62）。雄性前翅黑褐色，斜脉 4 条；雌虫前翅有黑褐和淡褐两型，背面可见许多斜脉；雌雄两性前翅均达腹端，而后翅超过腹端，似两条尾巴。

图 3-61　油葫芦蟋蟀为害叶片状　　　　图 3-62　油葫芦蟋蟀成虫

25. 茶 翅 蝽

茶翅蝽 (*Halyomorpha picus* Fabricius) 异名 *Cimex picus* Fabricius，又名臭木蝽，茶色蝽，属半翅目蝽科。

茶翅蝽主要为害草莓及多种果树，成虫、若虫吸食叶片、嫩梢及果实汁液，致刺吸点以上的叶脉变黑，叶肉组织颜色变暗萎缩、枯死，有时刺吸粗大主脉产生类似的症状，刺吸草莓浆果易形成畸形果。

成虫体长 12 ~ 16 毫米、宽 6.5 ~ 9 毫米，扁椭圆形，体色及大小变异极大，淡黄褐色至茶褐色，略带紫红色，具黑刻点，或具金绿色闪光刻点。触角黄褐色。翅烟褐色，基部色深，淡黑褐色。腿部有锈色点，爪和喙末端黑色（图 3-63，图 3-64）。

图 3-63　茶翅蝽若虫

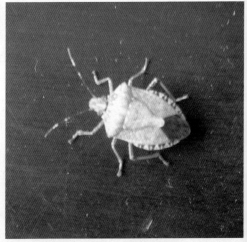

图 3-64　茶翅蝽成虫

卵圆筒形，直径约 0.7 毫米，初灰白色，孵化前黑褐色（图 3-65）。

若虫共 5 龄。初孵体长约 1.5 毫米，近圆形，二龄体长约 5 毫米，头黑色，体淡褐色，腹部淡橙黄色，各腹节两侧间各有 1 长方形黑斑，共 8 对。五龄体长约 12 毫米，翅芽伸达第三腹节后缘，腹部茶褐色，老熟若虫与成虫相似，无翅（图 3-66）。

图 3-65　茶翅蝽初孵若虫和卵

图 3-66　茶翅蝽老龄若虫

26. 麻 皮 蝽

麻皮蝽 [*Erthesina fullo* (Thunberg)] 又名麻纹蝽、麻椿象、臭椿母子、黄霜蝽、黄斑蝽，异名 *Cimex fullo* Thunberg，属半翅目蝽科。

麻皮蝽主要为害草莓、油菜、苹果、梨、桃等多种植物，以成虫和若虫刺吸叶、果实及嫩梢汁液。

成虫体长 18 ～ 24 毫米、宽 8 ～ 11 毫米，体稍宽大，密布黑色点刻，背部棕黑褐色，头两侧有黄白色的脊边。复眼黑色。触角 5 节，黑色，丝状。前胸背板前侧缘略呈锯齿状，腹部腹面中央有凹下的纵沟。足基节间黑褐色，跗节端部黑褐色，具 1 对爪（图 3-67）。

卵近鼓状，顶端具盖，周缘有齿，灰白色，不规则块状，数粒或数十粒黏在一起，排列整齐。

若虫初孵时近圆形，白色，有红色花纹，常头向内群集在卵块周围（图3-68），二龄后分散为害，老熟若虫与成虫相似。体红褐色或黑褐色，体长约6毫米，头端至小盾片具1条黄色或微显黄红色细纵线。触角4节，黑色，第四节基部黄白色。足黑色，腹部背面中央具纵裂暗色大斑3个，每个斑上有横列淡红色臭腺孔2个。

图 3-67　麻皮蝽成虫

图 3-68　麻皮蝽卵及初孵若虫

27. 点蜂缘蝽

点蜂缘蝽（*Riptortus pedestris* Fabricius）属半翅目缘蝽科。

点蜂缘蝽为害草莓主要是成虫以口针刺吸草莓叶、叶柄及花蕾、花部汁液，造成死蕾、死花及畸形果。

成虫体长15～17毫米、宽3.2～3.5毫米，全体黄棕色至黑褐色。头三角形，前胸背板两侧呈棘状，腹部、前部缢狭，头胸部两侧的黄色光滑斑纹呈斑状或消失。触角第一节长于第二节，第四节长于二、三节之和。前胸背板及胸侧板具许多不规则的黑色颗粒。臭腺沟长，向前弯曲，几乎达到后胸侧板的前缘，腹部侧接缘黑黄相间。后足腿节具刺列，胫节弯曲，短于腿节，中部色淡（图3-69）。

图3-69　点蜂缘蝽成虫

28. 苹毛丽金龟

苹毛丽金龟（*Proagopertha lucidula* Faldermann）又名苹毛金龟甲、苹毛金龟子、蛴地在茶金龟甲，属鞘翅目丽金龟科。

苹毛丽金龟在草莓上主要是春季为害花、花蕾、嫩叶，对花部尤为嗜食。可把嫩蕾、花及嫩心叶食成破碎状。

成虫体型小，卵圆形，背腹面较扁平。雄虫体长9.2～10.6毫米，雌虫体长9.3～12.5毫米。头、胸背面黑褐色，全体淡棕黄色，有绿色和紫色光泽，前胸背板、小盾片绿色带有紫色闪光。头顶多绿色点刻，复眼黑色。触角9节，红褐色，雌虫鳃叶部短小，雄虫则甚长大。前胸背板多点刻和绒毛，前缘内弯有膜状缘，侧缘弧状外弯，后缘中央后弯。腹膜板密生灰黄色长毛，腹部有白毛，具有光泽，分节纹明显。鞘翅短宽、黄铜色带有闪绿，半透明，可透视后翅折叠的"V"字形。翅上有纵行点刻，间瘤明显。

前足胫节外侧具 2 齿，内侧有 1 个棘刺，前中足均着生 1 对不等大的爪，大爪端部分叉，小爪不分叉，后足胫节喇叭状，有列刺，跗节 5 节，端部生 1 对爪不分叉，中部基节有前突（图 3-70）。

卵椭圆形，长 1.6 ~ 1.8 毫米，初产卵乳白色，渐变成黄白色，后期膨大至长 1.8 ~ 2.4 毫米、宽 1.3 ~ 2 毫米。

蛹体长 14 ~ 16 毫米，深黄色至深红褐色，背中线明显。幼虫体为乳白色，唯头部黄褐色。全长 12 ~ 16 毫米，头宽 3 ~ 3.2 毫米，头部前顶毛每侧各 7 ~ 8 根，后顶毛各 10 ~ 11 根，肛门孔横裂状（图 3-71）。

图 3-70　苹毛丽金龟成虫

图 3-71　苹毛丽金龟幼虫

29. 小青花金龟

小青花金龟（*Oxycetonia jucunda* Faldermann）又名小青花潜、银点花金龟、小青金龟子，属鞘翅目花金龟科。

小青花金龟成虫喜食草莓芽、花器、嫩叶及成熟有伤的果实，幼虫为害植物地下部组织（图 3-72）。

成虫体中型，体长 13 毫米左右、宽 6～9 毫米，长椭圆形、稍扁，背面暗绿色或绿色至古铜微红及黑褐色，变化大，多为绿色或暗绿色，常有青、紫等色闪光。体表密布淡黄色毛和点刻。腹面黑褐色，具光泽，头较小、长。眼突出，黑褐色或黑色。前胸背板近梯形，前缘呈弧形，凹入，后缘近平直，两侧各有白斑 1 个。有时侧缘有白色条斑。小盾片三

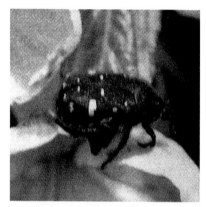

图 3-72　小青花金龟为害状

角形，末端稍锐，前胸和鞘翅暗绿色，鞘翅上散生多个白或黄白绒斑。鞘翅狭长，且内弯。腹板黑色，分节明显。各节有排列整齐的细长毛，腹部侧缘各节后端具白斑。前足胫节外侧具 3 齿 (图 3-73)。

卵椭圆形或球形，初为乳白色渐变成淡黄色。幼虫体乳白色，长 32～36 毫米。头棕褐色或暗褐色，宽 2.9～3.2 毫米 (图 3-74)。蛹长约 14 毫米，裸蛹，初为淡黄白色，尾部后变成橙黄色。

图 3-73　小青花金龟成虫

图 3-74　小青花金龟幼虫

30. 黑绒金龟

黑绒金龟(*Maladera orientalis* Motschulsky)又名东方金龟子、天鹅绒金龟、黑豆虫,属鞘翅目鳃角金龟科。异名 *Serica orientalis* Motschulsky, *Aserica orientalis* Motschulsky。

黑绒金龟以成虫食害草莓嫩芽、新叶和花器,造成为害(图3-75,图3-76)。

图 3-75　黑绒金龟为害叶片状　　　图 3-76　黑绒金龟为害花器状

成虫小型,体长 6～9 毫米、宽 5～6 毫米,近卵圆形,初为棕褐色,后为黑褐色至黑色。被黑褐色至黑色短绒毛,体表有丝绒状闪光。触角小,赤褐色,9～10 节。雄虫鳃叶部细长,基节上有一瘤状突起,雌虫鳃叶部短粗,基节无突起。前胸背板宽大,宽为长的 2 倍,前缘与侧缘相接为锐角状,侧缘列生刺毛,背板密生点刻。鞘翅有 9 条刻点沟,有似条绒状的 10 条纵列隆起带。翅缘有成列纤毛,腹部光亮,臀板宽大三角形,密布刻点,前足胫节外侧有 2 齿,后足胫节上生有较多刺,端部两侧各有一端距,跗节端部有 1 对爪,爪有齿(图 3-77)。

卵椭圆形，长 1 ～ 2 毫米、宽约 0.8 毫米，初产时乳白色，有光泽，孵化前色泽变暗。

老熟幼虫体长 14 ～ 16 毫米，头部黄褐色，头部前顶毛每侧各 1 根，触角基膜上方每侧有 1 个棕红色不甚圆的单眼，胴部乳白色，多褶皱，被有黄褐色细毛。

图 3-77　黑绒金龟成虫

蛹体长 6 ～ 9 毫米，黄色，头部黑褐色。末节略呈方形，两后角各有一个肉质突起。

31. 小 家 蚁

小家蚁（*Monomorium pharaonis* Linnaeus）属膜翅目蚁科。小家蚁群体中有雌蚁、雄蚁和工蚁。

图 3-78　小家蚁为害果实状

小家蚁为害多种蔬菜、草莓、瓜类、食用菌等。草莓成熟后蚂蚁啃食果肉，先是 1 ～ 2 头啃咬，后把信息传给其他蚂蚁，蚁群出动，轮回取食，最后把果实吃光，仅剩花萼。有时熟果受害率为 30%，损失严重（图 3-78）。

雌蚁体长 3～4 毫米，腹部较膨大。雄蚁体短，长 2.5～3.5 毫米，营巢后翅脱落只剩翅痕。工蚁体长 2.2～2.4 毫米，淡黄色至深黄褐色，有时带红色，腹部后部 2～3 节背面黑色。

图 3-79　小家蚁成虫

头胸部、腹柄结具微细皱纹及小颗粒。腹部光滑具闪光，体毛稀疏。触角 12 节，细长，柄节长度超过头部后缘。前中胸背面圆弧形，第一腹柄节楔形，顶部稍圆，前端突出部长些，第二腹柄节球形，腹部长卵圆形（图 3-79）。卵乳白色，椭圆形。

32．小地老虎

小地老虎（*Agrotis ypsilon* Rottemberg）又名土蚕、黑地蚕、切根虫、小地蚕等，异名 *Noctua ypsilon*，*N.robusta*，*Aprotis frivola*，*A.suffusa pepoli*，*A.aureolum*，属鳞翅目夜蛾科。

小地老虎在草莓上主要以幼虫为害近地面茎顶端的嫩心、嫩叶柄、幼叶及幼嫩花序和成熟浆果（图 3-80，图 3-81）。

图 3-80　小地老虎幼虫为害叶片状

图 3-81　小地老虎幼虫为害浆果状

成虫体长 16 ~ 23 毫米，翅展 48 ~ 50 毫米。头部与胸部黑灰褐色，有黑斑，腹部灰褐色。胫板基部、中部各有一黑横纹。前翅棕褐色，沿前缘较黑。基线和内线均为黑色双线波浪形，剑纹小，暗褐色黑边；环纹小，扁圆形，黑色；肾纹黑边，外侧中部有一黑色楔形斑，亚缘线微白，锯齿形，内侧有两个黑色楔形斑（图 3-82）。

卵扁球形，横径约 0.6 毫、纵径 0.4 ~ 0.5 毫米。初为淡黄色，孵化前为灰褐色。卵顶部至底部有 13 ~ 15 根长棱，中部纵棱 31 ~ 35 根，纵棱间有细横格。

老熟幼虫头宽 3 ~ 3.5 毫米，体长 41 ~ 52 毫米、宽 5 ~ 6 毫米，近圆筒形。体绿色、暗褐色至黑褐色。体表粗糙，布满黑色颗粒状斑点。蛹在土室中化蛹，蛹长 18 ~ 24 毫米，黄褐色至暗褐色（图 3-83）。

图 3-82　小地老虎成虫

图 3-83　小地老虎蛹

33. 细胸金针虫

细胸金针虫（*Agriotes fuscicollis* Miwa）又名细胸叩头虫，属鞘翅目叩头虫科。

细胸金针虫幼虫为害草莓的根、嫩茎和刚发芽的种子，使秧苗干枯死亡。幼虫还咬食草莓果实成孔洞，失去商品价值（图

3–84）。

成虫体长8～9毫米、宽约2.5毫米。暗褐色，体表有灰褐色短毛，并有光泽。头胸部黑褐色，复眼显著，触角淡褐色。前胸背板略带圆形，鞘翅长约为前胸的2倍，暗褐色，密生灰色短毛，鞘翅上有9条纵裂的点刻。足赤褐色。

幼虫体长23～32毫米、宽约1.5毫米，细长圆筒形，体淡黄色，光亮。头部扁平，口器深褐色。尾节呈圆锥形，尖端有红褐色小突起（图3–85）。

图3–84　细胸金针虫为害果实状

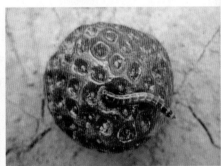

图3–85　细胸金针虫幼虫

34. 沟金针虫

沟金针虫（*Pleonomus canaliculatus* Faldermann）又名沟叩头虫，属鞘翅目叩头虫科。

沟金针虫在草莓生长期钻入草莓根部或根茎部蛀食，使草莓地上部分萎蔫死亡。

雌成虫体长16～17毫米、宽约4.5毫米。雄成虫体长14～18毫米、宽约3.5毫米。背扁平，体红棕色至棕褐色，前胸和鞘翅色较暗。全体被金黄色短毛。雌虫触角锯齿状；雄虫触角线状，长达鞘翅末端，足较细长（图3–86）。

卵长约0.7毫米、宽约0.6毫米，椭圆形，乳白色。

老龄幼虫体长20~30毫米、宽3~4毫米，细长筒形略扁，体壁坚硬而光滑，体黄色，具黄色细毛，前头和口器暗褐色，头扁平，上唇呈三叉状突起，自胸至第十腹节背面中央有1条细纵沟。尾端分叉并稍上翘（图3-87）。

蛹纺锤形，雌体长16~22毫米、宽约4.5毫米，雄体长15~19毫米、宽约3.5毫米，初为淡绿色渐变成深棕色。

图3-86　沟金针虫成虫

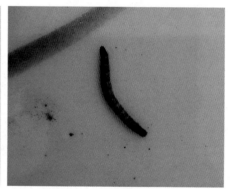

图3-87　沟金针虫幼虫

35. 蛴 螬

蛴螬俗称地蚕属鞘翅目，金龟甲总科幼虫的总称，其成虫通称金龟子。

成虫主要为害草莓叶片、花蕾及花部，幼虫（蛴螬）在地下取食根茎，轻者损伤根系，生长衰弱，严重时造成植株枯死，造成缺株断垄（图3-88，图3-89）。

蛴螬体肥大，弯曲近"C"字形，体长3~4厘米，多为白色至乳白色。体壁较柔软、多皱，体表疏生细毛。头大而圆，多

为黄褐色或红褐色，生有左右对称的刚毛。胸足 3 对，一般后足较长。腹部 10 节，臀节生有刺毛（图 3-90）。

图 3-88　根被害状

图 3-89　植株被害状

图 3-90　蛴螬幼虫

36. 华北蝼蛄

华北蝼蛄（*Gryllotalpa unispina* Saussure）又名大蝼蛄，属直翅目蝼蛄科。

华北蝼蛄喜食各种植物，成虫和若虫都在土中咬食播下的种子和幼芽、幼根。食害草莓主要是把幼根和根茎咬断，使植株凋萎死亡（图3-91）。

成虫体长39～50
毫米，黄褐色或灰色，
腹部近圆形，色略淡。
头狭长，触角丝状。前
胸背板盾形，中央有心
脏形斑。前翅黄褐色、
短，后翅纵褶条状，超
过腹端。前足扁阔，后
足胫节背侧内缘有棘刺

图3-91　植株被害状

或无。若虫形状与成虫相似，但若虫没有翅，只有很小的翅芽（图
3-92，图3-93）。

图3-92　华北蝼蛄成虫

图3-93　华北蝼蛄若虫

37．东方蝼蛄

东方蝼蛄（*Gryllotalpa orientalis* Burmeister）属直翅目蝼
蛄科。

图 3-94　植株受害状

东方蝼蛄成虫与若虫为害草莓幼根和嫩茎，造成死秧缺苗（图3-94）。

雌成虫体长 29～35 毫米，雄成虫体长 30～32 毫米，头圆锥形，黑褐色，触角丝状，体淡灰褐色，前翅鳞片状，覆盖腹部一半，后翅折叠如尾状，超过腹部末端。腹部近圆形。前足腿节内侧外缘弯曲，缺刻明显，为开掘足，后足胫节背侧内缘有棘刺 3～4 根（图3-95）。若虫体形与成虫相似，仅有翅芽（图3-96）。

图 3-95　东方蝼蛄成虫

图 3-96　东方蝼蛄若虫

38. 蜗 牛

蜗牛 [*Truticiola ravida* (Benson)] 别名刚蜗，属软体动物

门腹足纲柄眼目蜗牛科。

蜗牛靠舌头上的锉形组织和舌头两侧的细小牙齿磨碎植物的茎、叶、根及果实（图3-97，图3-98）。

成贝体长 30～36 毫米，灰黄色或乳白色，具 5 层螺层。头部有长、短触角各 1 对；

图 3-97　蜗牛为害果实状

眼在后触角顶端。足在身体腹面，适宜爬行。幼贝形态和颜色与成贝极相似，体型略小，螺层多在 4 层以下（图3-99）。卵圆球形，直径约 2 毫米，初为白色，孵化前变为灰黄色，有光泽。

图 3-98　蜗牛为害叶片状

图 3-99　蜗牛幼贝

39. 野蛞蝓

野蛞蝓 [*Agriolimax agrestis* (Linnaeus)] 别名鼻涕虫、蜒

蛞蝓等，属软体动物门腹足纲柄眼目蛞蝓科。

野蛞蝓在我国大部分地区都有发生，以成虫和幼虫取食植物叶片成孔洞，尤以幼苗和嫩叶受害最重。在草莓上主要为害草莓成熟期浆果，被拱食过的浆果失去经济价值。

成虫体伸直时长 30～60 毫米、宽 4～6 毫米，内壳长约 4 毫米、宽约 2.3 毫米，长梭形，柔软，光滑而无外壳。体表暗黑色或暗灰色，黄白色或灰红色，有的有不明显暗带或斑点。触角 2 对，暗黑色，下边 1 对短（图 3-100）。黏液无色。在右触角后方约 2 毫米处为生殖孔。

卵椭圆形，韧而富有弹性，直径 2～2.5 毫米。白色透明可见卵核，近孵化时色变深。初孵幼虫体长 2～2.5 毫米，淡褐色，体形同成体（图 3-101）。

图 3-100　野蛞蝓成虫

图 3-101　野蛞蝓幼虫

40. 网纹蛞蝓

网纹蛞蝓 [*Deroceras reticulatum* (Muller)] 属软体动物门腹足纲柄眼目蛞蝓科。

网纹蛞蝓食害草莓叶片时食成孔洞或沿叶缘蚕食，严重时将幼苗吃光（图3-102）。此外，还能钻食块根、块茎和草莓成熟果实（图3-103）。

成虫体长约50毫米，扭曲不对称，头清晰可见，眼着生在触角顶端，体浅黄色，有深褐色点条网络，套腔两侧圆形且有深色小点和斑纹，套腔和体躯不分区带，内脏囊被套腔盖住。呼吸孔的边缘灰色，同心具脊的套腔中心点位于中线右侧，脊棱短且断开，腹面具爬行足，黏液白色至乳白色（图3-104）。

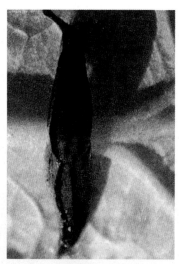

图3-102　网纹蛞蝓为害叶片状

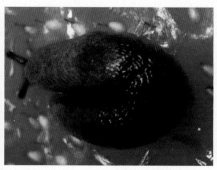

图3-103　网纹蛞蝓为害果实状

图3-104　网纹蛞蝓成虫

41. 黄 蛞 蝓

黄蛞蝓（*Limax flavus* Linnaeus）俗名鼻涕虫、游延虫等，属软体动物门腹足纲柄眼目蛞蝓科。

黄蛞蝓为害草莓时，利用其舌头上的锉形组织及舌头两侧的细小牙齿把植物组织及草莓果肉磨碎食用（图 3-105）。

　　黄蛞蝓体裸露柔软无外壳保护，头部具 2 对浅蓝色的触角，后 1 对触角顶端具眼，在体背部近前端 1/3 处具一椭圆形的外套膜，前半部为游离状态，运动收缩时，可把头部覆盖住，外套膜里具一薄且透明椭圆形石灰质盾板，系已退化的贝壳，尾部生有短尾脊，全体黄褐色至深橙色，布有零星浅黄色点状斑，背部较深，两侧较浅，足浅黄色。全体伸展时长约 100 毫米、宽约 12 毫米（图 3-106）。

图 3-105　黄蛞蝓为害果实状

图 3-106　黄蛞蝓成虫

42. 子午沙鼠

　　子午沙鼠 *Meriones meridianus* (Pallas)，别名黄耗子、中午沙鼠、午时沙土鼠，属啮齿目仓鼠科。

　　子午沙鼠是草莓田及草莓温室中的主要鼠害，其把果实啃食或咬掉拉走，造成严重损失。

　　成鼠体长 100～150 毫米，尾长近于体长，耳壳明显突出毛外。体背毛浅棕黄色，基部暗灰色，毛尖微深。腹毛白色，尾毛棕黄色或棕灰色（图 3-107）。

图 3-107　子午沙鼠

43. 大 家 鼠

大家鼠 [*Rattus norvegicus* (Berkenhout)] 别名褐家鼠、沟鼠、挪威鼠、白尾吊、大老鼠，属啮齿目鼠科。

大家鼠分布在全国各地，是家野两栖的人类伴生种。主要栖息于人类建筑物内，常盗食食品及杂物，且毁坏家具、衣物、书籍并造成污染。室外啃食果实和植物种子，在草莓田对浆果造成严重为害。

大家鼠体型肥大，体长 150 ~ 250 毫米，尾较短，耳朵短，较厚。头小吻短。后足粗大，长 31 ~ 45 毫米，后足趾间具一些雏形的蹼。乳头 6 对。体背毛棕褐色至灰褐色，毛基深灰色，毛尖棕色；腹毛苍灰色，毛基灰褐色，毛尖白色。尾上面黑褐色，尖端白色。头骨粗大，顶间骨宽度与左右顶骨宽度总和几乎相等。上白齿具三纵列齿突，上颌第三白齿的横嵴已愈合，呈"C"字形（图 3-108）。

图 3-108　大家鼠

草莓病虫害防治

一、侵染性病害防治

1. 草莓褐色轮斑病

【发病规律】 草莓褐色轮斑病以菌丝体和分生孢子器在病叶组织内或随病残体遗落土中越冬，成为翌年初侵染源。越冬病菌到翌年6～7月份大量产生分生孢子，借雨水溅射或空气传播进行初侵染。病部不断产生分生孢子进行多次再侵染，使病害逐渐蔓延扩大。从梅雨季的后半期开始至9月份的高温期，特别在25℃～30℃的高温多湿季节发病重。平畦漫灌和重茬连作地栽培种植丽红、枥乙女、丰香等感病品种时发病重。

【防治方法】

（1）选用抗病品种 草莓品种对草莓褐色轮斑病的抗性差异很大，要选较抗病的品种，如达赛莱克特、甜查理、卡姆罗莎等。

（2）农业措施 栽植前摘除种苗病叶烧毁，并用70%甲基硫菌灵可湿性粉剂500倍液浸苗20分钟，捞出待药液晾干后栽植，可减少翌年发病病原。

（3）药剂防治 田间在发病初期开始喷洒2%嘧啶核苷类抗菌素水剂200倍液，或70%甲基硫菌灵可湿性粉剂800倍液，或40%多硫悬浮剂500倍液；或27%高脂膜乳剂200倍液混75%百菌清可湿性粉剂600倍液或50%苯菌灵可湿性粉剂1 000倍液，每隔 10 天喷 1 次,连喷 2～3 次。采收前 5 天停止用药。

2.草莓细菌性叶斑病

【发病规律】 该病病菌是随着草莓繁殖材料的引进而迅速传播的。病原菌在种子或土壤里及病残体上越冬,播种带菌种子,幼芽在地下即染病,致幼苗不能出土,有的虽能出土,但出苗后不久即死亡。在田间通过灌溉水、雨水及虫伤或农事操作造成的伤口或叶缘处水孔侵入致病菌并传播蔓延。病菌先侵害少数薄壁细胞,后进入维管束向上下扩展。发病适温为 25℃～30℃,高温多雨或连作、地势低洼、灌水过量、排水不良、人为伤口或虫伤多者均发病重。

【防治方法】 一是通过检疫,防止病害传播蔓延。二是清除枯枝病叶。三是减少人为伤口,及时防治虫害。四是定植前每公顷用 50% 福美双可湿性粉剂 11.25 千克,对水 150 升,拌入 1 500 千克细土后穴施处理土壤进行消毒。五是加强管理,苗期小水勤浇,降低地温,雨后及时排水,防止土壤过湿。六是药剂防治。发病初期开始喷洒 2% 嘧啶核苷类抗菌素水剂 200 倍液,或 72% 农用硫酸链霉素可溶性粉剂 3 000～4 000 倍液,或 30% 碱式硫酸铜悬浮剂 500 倍液,或 27% 无毒高脂膜 1 000 倍液,每隔 7～10 天喷 1 次,连续防治 3～4 次。采收前 3 天停止用药。

3.草莓褐角斑病

【发病规律】 病菌以分生孢子器在草莓病残体上越冬,翌年春雨后产生分生孢子,通过雨水和灌溉水传播侵染和多次再侵染,生产上露地 5～6 月份发病重,草莓品种美国 6 号发病重。

【防治方法】

（1）选用抗病品种　如选用卡姆罗莎、甜查理、石莓 4 号、吐特拉、森格森格那等抗病品种。

（2）栽前处理　栽植前摘除种苗病老残叶，并用 70% 多菌灵可湿性粉剂 500 倍液浸苗 15 ～ 20 分钟，捞出晾干后栽植。

（3）药剂防治　发病初期开始每隔 10 天喷 1 次 70% 甲基硫菌灵可湿性粉剂 800 倍液，或 40% 多硫悬浮剂 500 倍液，或 75% 百菌清可湿性粉剂 600 倍液，或 30% 苹腐速克灵水剂 500 倍液，或每隔 5 ～ 7 天喷 1 次 2% 嘧啶核苷类抗菌素水剂 200 倍液，连续防治 2 ～ 3 次，采收前 3 天停止用药。

4. 草莓叶枯病

【发病规律】　病菌以子囊壳或分生孢子器在植株病组织或落地病残物上越冬，春季释放出子囊孢子或分生孢子借空气扩散传播，侵染发病，并由带病种苗进行中远距离传播。本病为低温性病害，秋季和早春雨露较多的天气有利于侵染发病。植株生长势强时发病轻，缺肥苗弱发病重。草莓品种间有抗性差异，福羽、星都 2 号、丰香、鬼怒甘等发病重，甜查理、卡姆罗莎、吐特拉、石莓 4 号、森格森格那等发病轻。

【防治方法】　一是注意清园，及早摘除病老叶片，减少传染源。二是选用甜查理、卡姆罗莎、新明星、石莓 4 号等抗病品种。三是加强草莓田肥水管理和植株管理，使植株生长健壮，但不要过多施用氮肥。四是药剂防治。于秋季降温初期用 25% 多菌灵可湿性粉剂 300 ～ 400 倍液，或 50% 苯菌灵可湿性粉剂 2 000 倍液，或 70% 甲基硫菌灵可湿性粉剂 1 200 倍液，或 70% 代森锰锌可湿性粉剂 400 ～ 600 倍液，或 2% 嘧啶核苷类抗菌素水剂 200 倍液喷布，每隔 7～10 天喷 1 次，连喷 2～3 次，都有好的防治效果，而且还能兼治其他病害。

5. 草莓"V"型褐斑病

【发病规律】　病原菌在病残体上越冬和越夏，秋冬时节形成子囊孢子和分生孢子，释放出来在空中经风雨传播，侵染发病。草莓"V"型褐斑病是偏低温高湿病害，春秋特别是春季多阴湿天气有利于该病发生和传播。一般花期前后和花芽分化期是发病的高峰期。28℃以上此病发生极少。另外，在保护地栽培和低温多湿、偏施氮肥、苗弱光照较差的条件下发病重。福羽、芳玉、丰香、鬼怒甘等发病重，甜查理、石莓4号、吐特拉、森格森格那等较抗病。

【防治方法】　一是及时清园、摘除病老枯叶，集中烧毁。二是加强栽培管理，注意植株通风透光，不要过量单施氮肥，适度灌水，促使植株生长健壮。三是药剂防治。一般在现蕾开花期进行，可用 25% 多菌灵可湿性粉剂 300 倍液，或 80% 代森锰锌可湿性粉剂 600 倍液，或 50% 克菌丹可湿性粉剂或 50% 乙烯菌核利可湿性粉剂 800 倍液，或 70% 甲基硫菌灵可湿性粉剂 1 000 倍液，或 2% 嘧啶核苷类抗菌素水剂 200 倍液充分喷洒，每隔 5～7 天 1 次，连喷 2～3 次。采前 3 天停止用药。

6. 草莓蛇眼病

【发病规律】　病菌以病斑上的菌丝体或分生孢子越冬，也可产生细小的菌核或子囊壳越冬。越冬后翌年春产生分生孢子或子囊孢子进行传播和初侵染，后病部产生分生孢子进行再侵染。病苗和地表的菌核是主要传播载体。病菌发育适温为 18℃～22℃，低于 7℃ 或高于 23℃ 发育迟缓。秋季和春季光照不足、天气阴湿发病重。重茬地、管理粗放和排水不良地块发病重。品种间抗性差异显著，如因都卡、甜查理、石莓 4 号、森格森格那等抗病，鬼怒甘、丰香等不抗病。

【防治方法】 一是选用抗病品种甜查理、森格森格那、石莓 4 号等。二是采收后及时清理田园，摘除收集被害叶片烧毁。三是定植时汰除病苗。四是药剂防治。发病初期喷淋 50% 琥胶肥酸铜（DT）可湿性粉剂 500 倍液，或 35% 碱式硫酸铜悬浮剂 400 倍液，或 14% 络氨铜水剂 300 倍液，或 77% 氢氧化铜可湿性粉剂 500 倍液，或 75% 百菌清可湿性粉剂 500 倍液，或 70% 代森锰锌可湿性粉剂 350 倍液。每隔 10 天 1 次，共 2～3 次。采收前 3 天停止用药。

7. 草莓白粉病

【发病规律】 北方病菌以闭囊壳、菌丝体等随病残体留在地上或在活着的草莓老叶上越冬，南方多以菌丝或分生孢子在寄主上越冬或越夏，成为翌年初侵染源。草莓白粉菌是专性寄生菌，白粉病主要依靠带病的草莓苗等繁殖材料进行中远距离传播，而气候则有助于病菌孢子在田间或大棚内迅速扩散蔓延。一般在春天产生分生孢子或子囊孢子，经气流传播至寄主叶上，分生孢子先端产生芽管和吸器从叶片表皮侵入，菌丝附生在叶面上，从萌发至侵入一般需 20 多个小时，每天可长出 3～5 根菌丝，5 天后在侵染处形成白色菌丝丛状病斑。经 7 天后成熟，形成分生孢子飞散传播，进行再侵染。高山冷凉地与保护地栽培易发病，已成为我国南北草莓主要病害。品种间抗病性有差异，达赛莱克特、卡姆罗莎、甜查理、石莓 5 号等抗病，丰香、红颜、幸香等易感病，此病在丰香、红颜保护地栽培中是一毁灭性病害。

【防治方法】 一是选用甜查理、达赛莱克特、卡姆罗莎、石莓5号等抗病品种。二是冬春季清扫园地，烧毁腐烂枝叶，生长季及时摘除病老残叶，栽植不宜过密，加强肥水管理，使植株通风透光，生长健壮。三是生物防治。喷洒2%嘧啶核苷类抗菌素水剂或2%武夷菌素(BO-10)水剂200倍液，间隔6～7天再防1次。四是药剂防治。用27%高脂膜乳剂80～100倍液，于发病初期开始喷洒，间隔5～6天喷1次，连喷3～4次，或用40%氟硅唑乳油8 000倍液，或12.5%腈菌唑乳油6 000倍液，或30%氟菌唑乳油5 000倍液，或10%苯醚甲环唑水分散粒剂3 000倍液，或80%代森锰锌可湿性粉剂600倍液，或10%多抗霉素可湿性粉剂1 000倍液。这些药剂可交替使用，间隔7～10天喷1次，喷药时要使叶的背面和芽的空隙间都均匀着药。五是保护地栽培时，可采用45%百菌清烟熏剂3～3.75千克／公顷，或10%腐霉利烟熏剂、硫磺熏蒸。一般用药物防治要在采收前7天停止用药。

8.草莓黑斑病

【发病规律】 病菌以菌丝体等在植株上或落地病组织上越冬。借种苗等传播，环境中的病菌孢子也可引起侵染发病。高温、高湿有利于病害发生。田间小气候潮湿可加重发病，重茬地发病重。品种间抗性不同，盛冈16最感病，卡姆罗莎、石莓4号、甜查理等较抗病。

【防治方法】

(1) 农业防治　选用甜查理、卡姆罗莎、石莓4号等抗病品种。冬春季清扫园地，烧毁腐烂枝叶，生长季及时摘除病老残叶及染病果实销毁。

（2）药剂防治　用2%嘧啶核苷类抗菌素水剂200倍液，或50%福美甲胂可湿性粉剂800倍液，或70%甲基硫菌灵可湿性粉剂1 000倍液，或10%多抗霉素可湿性粉剂600倍液，或10%苯醚甲环唑水分散粒剂1 000～1 500倍液喷雾。间隔7天喷1次，连喷2～3次，采收前3天停止用药。

9. 草莓黏菌病

【发病规律】　黏菌以孢子囊在植物体、病残物或地表等处越冬。休眠中的孢子囊有极强的抗低温、抗干旱等不良环境的能力，一般从近地面部位向上爬升，可达上层叶片和浆果上，使植株各部位发病，可随繁殖材料及风雨进行传播。草莓栽植过密，造成郁闭、田间潮湿、杂草丛生都有利于该病的发生和蔓延。

【防治方法】　一是选择地势高燥、平坦地块及沙性土壤栽植草莓。二是雨后及时排水，灌溉要防止大水漫灌、积水和湿气滞留。三是精耕细作，及时清除田间杂草和残体败叶，栽植不可过密，防止植株郁闭。四是药剂防治。及时喷洒石灰半量式波尔多液200倍液，或45%噻菌灵悬浮液3 000倍液，或50%多菌灵可湿性粉剂600倍液进行防治。采收前5天停止用药。

10. 草莓灰霉病

【发病规律】　病原菌以菌丝体、菌核、分生孢子的形态在被害植物组织内越冬，孢子由空气传播、蔓延。栽植过密、氮肥多、植株通风透光不良或积水湿度过大时发病重。特别是在促成和半促成栽培情况下，在多肥、密植未及时摘除下部叶片而枝叶繁茂，株行郁闭再加上连阴雨湿度过大的情况下则发病快、发病重。此外，连作田、重茬田及宝交早生、达娜、幸香等品种易感病。

【防治方法】 一是控制施肥量、栽植密度和田间湿度，地膜覆盖以防止果实与土壤接触。选用卡姆罗莎、石莓4号等抗病品种，及时摘除病、老、残叶及感病花序，剔除病果销毁。二是注意选择茬口实行轮作，定植前深耕，提倡高畦栽培，进行土壤消毒，定植前每公顷撒施25%多菌灵可湿性粉剂75～90千克后耙入土中防病效果好。三是药剂防治。花序显露至开花前喷施等量式波尔多液200倍液，或10%多抗霉素可湿性粉剂500倍液，或80%敌菌丹可湿性粉剂700～1 000倍液，或50%抑菌灵可湿性粉剂600倍液，或50%敌菌灵可湿性粉剂600倍液，或50%腐霉利可湿性粉剂800倍液，或40%嘧霉胺悬浮剂1 000倍液进行防治。保护地栽培可用45%百菌清烟熏剂3～3.75千克／公顷或10%腐霉利烟熏剂灭菌。

11. 草莓炭疽病

【发病规律】 病菌在病组织或落地病残物中越冬。翌年现蕾期开始在近地面幼嫩部位侵染发病。当气温升至25℃～30℃的盛夏高温雨季，此病易流行。一般从7月中旬至9月底发病，气温高的年份发病时间可延续至10月份。连作田发病重，老残叶多或氮肥过量，植株柔嫩或密度过大造成郁闭易发病。在田间分生孢子靠风雨传播。病菌还可随病苗、病叶、病果作异地传播。草莓品种对炭疽病抗性有差异，丽红、芳玉、幸香等易感病，新明星、甜查理等较抗病。

【防治方法】 一是选用抗病品种。二是栽植不宜过密，氮肥不宜过量，施足有机肥和磷、钾肥，扶壮株势，提高植株抗病力。三是及时清除病残物。四是药剂防治。用50%克菌丹、5%

敌菌灵或 50% 多菌灵可湿性粉剂 600 倍液，或 2% 嘧啶核苷类抗菌素水剂 200 倍液，或 10% 苯醚甲环唑水分散粒剂 1 500 倍液，或 40% 炭疽清可湿性粉剂 1 000 ～ 1 500 倍液，或 80% 代森锰锌可湿性粉剂 600 ～ 800 倍液，或 40% 氟硅唑乳油 8 000 倍液，或 40% 双胍三辛烷基苯磺酸盐可湿性粉剂 1 000 倍液，或 25% 阿米西达悬浮剂 1 500 倍液喷雾防治。

12. 草莓(终极腐霉)烂果病

【发病规律】　病菌广泛存在于土壤、粪肥及植物的病残体中。并可在土壤中长期存活。病苗、病土、病果和田间流水都可进行传播。草莓浆果成熟期遇有高温多雨容易侵染，引起病害发生。重茬地、低洼地、湿度大、栽植过密易发病，贴地果最易染病。

【防治方法】

(1) 农业防治　采用高畦栽培，低洼积水地注意及时排水，提倡滴灌或沟灌，忌大水漫灌；合理施肥，不偏施氮肥；采用地膜或用其他材料垫果，使果实不与土壤接触，可减轻发病；利用太阳能＋石灰氮(50 千克 /667 米 ^{2})＋秸秆(粉碎成 3 ～ 5 厘米长，750 千克 /667 米 ^{2})高温闷棚，进行定植前土壤消毒。

(2) 药剂防治　用 15% 混合氨基酸铜锌锰镁水剂 200 倍液，或 25% 甲霜灵可湿性粉剂 1 000 ～ 1 500 倍液，或 25% 多菌灵可湿性粉剂 300 倍液，或 10% 苯醚甲环唑水分散粒剂 1 000 ～ 1 500 倍液，或 69% 安克锰锌可湿性粉剂 1 000 倍液，或 15% 噁霉灵水剂 400 倍液喷雾防治，间隔 10 天左右喷 1 次，连喷 3 ～ 4 次。采收前 3 天停止用药。

13. 草莓疫霉果腐病

【发病规律】 病原菌以卵孢子随病残体在土壤中越冬,有很强的抗寒能力,翌年春条件适宜时,产生孢子囊遇水释放游动孢子,借病苗、病土、风雨、流水、农具等传播,侵染危害。地势低洼、土壤黏重、偏施氮肥发病重。连作田重茬地发病重。春秋季阴雨天多、水浇地灌水多有利于病害的发生和流行。

【防治方法】

(1) 农业防治 采用高畦栽培;低洼积水地注意排水,提倡滴灌或沟灌,忌大水漫灌;合理施肥,不偏施重施氮肥;实施检疫,不在疫区病田育苗和定植;病田在定植前利用太阳能 + 石灰氮(50千克/667米^2) + 秸秆(粉碎成 3 ~ 5 厘米长,750 千克/667米^2)高温闷棚进行土壤消毒。

(2) 药剂防治 定植时用 55% 根腐灵 1 000 倍液浸根,生长期发病初期用 25% 甲霜灵可湿性粉剂 1 000 ~ 1 500 倍液,或70% 代森锰锌、75% 百菌清可湿性粉剂 500 ~ 600 倍液、40% 克菌丹可湿性粉剂 500 倍液,或 72% 霜脲锰锌可湿性粉剂 800 倍液,或 35% 瑞毒霉、69% 安克锰锌可湿性粉剂 1 000 倍液,或 25% 多菌灵可湿性粉剂 300 倍液,或 80% 代森锰锌可湿性粉剂 600 倍液,或 68% 精甲霜灵锰锌水分散粒剂 700 倍液喷雾防治,每隔 10 天左右喷 1 次,连防 3 ~ 4 次。采收前 3 天停止用药。

14. 草莓黑霉病

【发病规律】 病原菌在土壤及病残体上越冬,生长期靠风雨气流传播,在果实成熟期侵染发病。特别在草莓采收后不及时处理常常迅速大量发病,只要一处被侵染出现病斑便很快全果腐烂,继而波及相邻果实被侵染腐烂，软腐流汤，特别是在贮藏期容易造成大量腐烂，损失惨重。

【防治方法】

（1）**农业防治**　避免草莓连作，确需连作时，草莓地需进行清理病原并土壤消毒，于定植前利用太阳能＋石灰氮（50千克/667米^2）＋秸秆（粉碎成3～5厘米长，750千克/667米^2）高温闷棚，进行土壤消毒，消毒揭膜后晾3～5天后栽植；加强肥水管理，培育健壮秧苗，及时摘除老叶和病果。

（2）**药剂防治**　采收前连续喷布200～240倍波尔多液，或50%多菌灵可湿性粉剂600倍液，或70%代森锰锌可湿性粉剂500倍液，或50%苯菌灵可湿性粉剂1500倍液，或2%嘧啶核苷类抗菌素或2%武夷霉素（BO-10）水剂200倍液，或27%高脂膜乳剂80～100倍液，重点喷洒果实。另外，采前喷0.1%高锰酸钾溶液亦有一定的防治效果。

（3）**其他**　感病地区不与桃和甘薯间作。

15.草莓红中柱根腐病

【发病规律】　病原菌以卵孢子在土壤中存活，由病土和病苗传播。土壤中的卵孢子在晚秋或初冬产生孢子囊，释放出游动孢子，侵入根部后出现病斑，后又在病部产生孢子囊，借灌溉水或雨水传播蔓延。游动孢子侵入主根或侧根尖端的表皮，菌丝沿着中柱生长，后中柱变成红色、腐烂。卵孢子在土中可存活数年。条件适宜时产生分生孢子进行初侵染和再侵染。土壤温度低、湿度高易发病，地温6℃～10℃是发病适温，所以本病为低温域病害，地温高于25℃则不发病。一般春秋多雨年份易发病，低洼地排水不良或大水漫灌地块发病重。

【防治方法】

(1) 实行轮作倒茬　选无病地育苗，草莓田要实行 4 年以上的轮作。

(2) 进行土壤消毒　在草莓采收后，将田间草莓植株全部挖除干净后施入大量有机肥或农作物秸秆、稻草、玉米秸等，以及每 667 米^{2}用 30～60 千克的氰氨化钙均匀地撒在土壤表面，深翻土壤灌足水后，在炎热高温季节地面用透明塑料薄膜覆盖高温闷棚 15～20 天，利用太阳能使地温上升至 50℃以上，起到土壤消毒作用。

(3) 选用抗病品种　如因都卡、甜查理、拉松 9 号、石莓 5 号等较抗病。

(4) 田间管理　采用高畦或起垄栽培，尽可能覆盖地膜，有利于提高地温、减少发病。雨后及时排水，严禁大水漫灌。

(5) 药剂防治　及时挖除病株，并浇灌 58% 甲霜灵·锰锌可湿性粉剂或 60% 噁霜·锰锌可湿性粉剂 500 倍液，或 72% 霜脲·锰锌可湿性粉剂 800 倍液等，连续防治 2～3 次。采收前 5 天停止用药。

16. 草莓青枯病

【发病规律】　病原菌主要随病残体留于草莓园或在草莓植株上越冬，通过雨水和灌溉水传播，带病草莓苗上的细菌从伤口侵入。该菌具有潜伏侵染特性，能在土壤中生活和繁殖，腐生能力强，病菌喜高温，发育温度 10℃～40℃，最适温度 35℃，最适 pH 6.6，久雨或大雨后转晴发病重。

【防治方法】　一是严禁用罹病田作育苗圃，草莓定植时使用无病壮苗栽植。二是加强栽培管理，施用充分腐熟的有机肥或草木灰,调节土壤 pH 值。三是利用太阳能＋石灰氮(50 千克／667 米²)＋秸秆(粉碎成 3 ～ 5 厘米长,750 千克／667 米²)高温闷棚或生石灰进行土壤消毒,不在茄科蔬菜等茬栽种草莓。四是药剂防治。定植时用青枯菌拮抗菌 AM-7、NOE-104 浸根,或于发病初期开始喷洒(或灌)72% 农用硫酸链霉素可溶性粉剂4 000 倍液,或 40% 络氨铜水剂 350 倍液,或 50% 琥胶肥酸铜可湿性粉剂 500 倍液,或 30% 碱式硫酸铜悬浮剂 400 倍液,或53.8% 氢氧化铜干悬浮剂 1 000 倍液等。间隔 5 ～ 7 天 喷 1 次,连喷 2 ～ 3 次。采收前 3 天停止用药。

17. 草莓黄萎病

【发病规律】 病菌在寄主病残体内以菌丝体或厚壁孢子或以菌核在土中越冬,一般可存活 6 ～ 8 年,带菌土壤是病害侵染的主要来源。病菌从草莓根部侵入,并在维管束里移动、上升、扩展引起发病。母株体内病菌还可沿匍匐茎扩展到子株,引起子株发病。当气温在 20℃ ～ 25℃的多雨夏季,此病发生严重,28℃以上停止发病。在病田育苗、采苗或在重茬地茄科黄萎病地定植发病均重。在发病地上种植水稻,保持水渍状态时虽不能根除此病,但可以减轻危害。

【防治方法】 一是实行 3 年以上轮作制,避免连作重茬。二是清除病残体,及时销毁。三是利用氯化苦或太阳能消毒土壤。四是栽种无病健壮秧苗。无病母株可采用空间采苗方式获得,即在匍匐茎先端偶数节着地以前就切取,插入无病土壤中,使其生根,作为母株进行育苗即可。五是选用抗病品种如宝交早生、新明星、卡姆罗莎等。六是移栽时用 20% 苯菌灵可湿性粉剂1 000 ～ 2 000 倍液,或 70% 甲基硫菌灵可湿性粉剂 300 ～ 500 倍液浸根或栽后灌根。

18. 草莓枯萎病

【发病规律】 本病通过病株和病土传播。主要以菌丝体和厚垣孢子或菌核随病残体遗落土中或在未腐熟的带菌肥料及种子上越冬。病菌可在土壤中存活5～10年。病菌在病株分苗时进行传播蔓延，当草莓移栽时厚垣孢子发芽，病菌从根部自然裂口或伤口侵入，在根及根茎维管束内进行繁殖、生长发育，形成小型分生孢子，并在导管中移动、增殖，通过堵塞维管束和分泌毒素，破坏植株正常输导功能而引起萎蔫，逐渐死亡。发病适宜地温为22℃～32℃，连作或土质黏重、地势低洼、排水不良都会使病害加重。

【防治方法】 一是对秧苗进行检疫，建立无病苗圃，从无病圃采苗，栽植无病苗。二是草莓田与禾本科作物进行3年以上的轮作，最好能与水稻等水田作物轮作，效果更好。三是提倡使用酵素菌沤制的堆肥。四是选用抗病品种，如新明星、丰香、红颜、达赛莱克特、甜查理、卡姆罗莎等。五是发现病株及时拔出，集中烧毁，病穴用生石灰消毒。重茬田于定植前利用太阳能＋石灰氮（50千克/667米²）＋秸秆（粉碎成3～5厘米长，750千克/667米²）高温闷棚进行土壤消毒后定植。六是药剂防治。可选用50%多菌灵可湿性粉剂600倍液，或70%代森锰锌可湿性粉剂500倍液，或50%苯菌灵可湿性粉剂500倍液，或98%噁霉灵可湿性粉剂2 000倍液，或45%噻菌灵悬浮剂100倍液，或2%嘧啶核苷类抗菌素水剂200倍液，或75%百菌清可湿性粉剂800倍液，每株250毫升，在开花结果初期、盛果期灌根。也可在定植时用生物菌药10亿枯芽孢杆菌1 000倍液每株250毫升，穴施灌根后定植。

19.草莓芽枯病

【发病规律】 病菌以菌丝体或菌核随病残体在土壤中越冬，若无寄主仍可在土壤中生活 2～3 年。可以病苗、病土传播。病菌活动的适温为 22℃～25℃，几乎在草莓整个生长期均可发病。寒冷、潮湿、连阴天发病重。北方保护地栽植的草莓，棚室低温高湿的环境，连阴、雾天，数天不通风发病早发病重。露地草莓栽植过深，枝叶过于繁茂，灌水过多或田园淹水，病害加重。

【防治方法】 一是合理密植，防止过密栽培。及时去除病老残叶。二是大棚和温室保护地栽培草莓要适时适量通风。合理灌溉，灌水宜安排在上午，灌后迅速通风降温降湿，防止湿气滞留，并尽量增加光照。三是药剂防治。草莓现蕾后开始喷淋 25% 叶枯唑 600 倍液，或 10% 多抗霉素可湿性粉剂 500～1 000 倍液，或98%噁霉灵可湿性粉剂 1 500 倍液，或 2.5% 咯菌腈悬浮剂 1 500倍液，或 50% 嘧菌环胺水分散粒剂 1 500 倍液。间隔 7 天左右喷1 次，共喷 2～3 次。芽枯病与灰霉病混合发生时，可喷洒 50%乙烯菌核利可湿性粉剂 2 000 倍液，或 65% 甲霜灵可湿性粉剂1 500 倍液。采收前 3 天停止用药。

20.草莓菌核病

【发病规律】 病菌主要以菌核在土壤中度过不良环境，在春秋季萌发时产生蘑菇状子囊盘，释放出大量子囊孢子，经空气传播侵染发病。也可由菌核产生菌丝直接进行侵染和蔓延，田间菌核在夏季浸水 3～4 个月后死亡，但在旱田的地面能存活 2～3年。菌核病菌属低温型，发病适温为 10℃～15℃，遇上连续几天 10℃ 以下低温，则寄主抵抗力下降，发病明显加重。保护地内湿度大，低温导致茎叶结露，对侵染发病有利。

【防治方法】 一是实行草莓田与水稻田轮作，可减轻发病。二是实行高垄栽植，在保护地栽培时要控制栽植密度，控制分蘖，及时去除下部病老残叶，避免植株郁闭，促进通风透光。垄栽草莓要加盖地膜，仅把植株露出膜外，利用地膜阻隔土壤中的水分蒸发并适当控制灌水，最好利用膜下滴灌，以减少室内空气湿度。低温期要调节好温度，注意通风降湿。三是应在病株形成菌核前拔除销毁。四是药剂防治。在发病初期用 40% 菌核净可湿性粉剂 500 倍液，或 50% 乙烯菌核利可湿性粉剂 1 000 ～ 1 500 倍液，或 50% 异菌脲可湿性粉剂 1 500 倍液，或 50% 苯菌灵可湿性粉剂 1 500 倍液喷洒。或于发病初期，每 667 米 ^{2} 用 10% 乙烯菌核利烟熏剂 250 ～ 300 克防治，也可以傍晚喷洒 5% 百菌清粉尘剂，每 667 米 ^{2} 1 000 克。间隔 7 ～ 10 天喷 1 次。

21. 草莓茎线虫病

【发病规律】 草莓茎线虫在草莓体内寄生和繁殖。线虫产卵后大约 7 天开始孵化，然后每隔 2 ～ 7 天蜕 1 次皮，15℃ 下在合适寄主上完成生活史只需 19 ～ 23 天。雌雄成虫交尾后，雌虫每天产卵 8 ～ 10 个，总共产卵 200 ～ 500 个。线虫个体存活时间一般 45 ～ 70 天。由于内寄生，线虫一般在变形的病组织中发育，到了 4 龄期线虫对干旱抵抗力强。线虫群集在干旱的组织中可存活数年。

【防治方法】 一是选择无病区育苗，并严格实施检疫，特别注意采用无病种苗，及时甄别、拔除病株集中烧毁，注意轮作倒茬，清除田间野生寄主如三叶草、狗尾草、黑麦草、风车草、蕨类、荞麦、苜蓿等。二是用热水处理秧苗,即将秧苗在35℃水中预热10分钟,然后放在45℃～46℃热水中浸泡10分钟,提出冷却后栽植。三是药剂防治。栽前用硫线磷进行土壤消毒,或用太阳能消毒土壤,或用克百威颗粒剂每667米^{2}撒施3～5千克,或用10%苯线磷每667米^{2}撒施2～4千克后锄入土中5～10厘米,然后栽植,栽植后及时灌水。

22. 草莓线虫病

【发病规律】 草莓线虫在草莓芽里发育,有典型的4个龄期,大约2周内完成一次循环。线虫在土壤中和植物残体中越冬或抵抗逆境,时间一般达2～3个月。

【防治方法】 同草莓茎线虫。

23. 草莓芽线虫病

【发病规律】 草莓芽线虫寄生部位主要在叶腋和芽部,以及花、花蕾、花托等部位,全部为外寄生。芽线虫主要靠被害母株发生的匍匐茎进行传播,被害株发生的匍匐茎上几乎都有线虫,从而传给子株,随秧苗扩展于更大范围。线虫也可以靠雨水和灌溉水游离,移至其他植株上。如果在发病田里进行连作,则土中残留的线虫也移向健株危害。

【防治方法】 同草莓茎线虫病。

24. 草莓根结线虫病

【发病规律】 根结线虫卵经孵化后,幼虫便自草莓幼根顶端侵入须根组织中,并在其中吸取根系养分,条件适宜时,

25～30天可发生1代，1年可发生数代。

【防治方法】　同草莓茎线虫病。

25.草莓根腐线虫病

【发病规律】　在保护地栽培中，特别是在沙壤土和连作保护地栽培条件下容易发生根腐线虫病。主要通过种苗和有线虫的土壤及枯枝落叶、雨水、灌溉水、耕作工具等传播。

【防治方法】　同草莓茎线虫病。

26.草莓轻型黄边病毒病

【发病规律】　病菌主要通过蚜虫传播，也可通过嫁接传染。但不能通过种子或花粉传染。传毒蚜虫主要有草莓钉毛蚜、托马斯毛管蚜、花毛管蚜、小毛管蚜、蔷薇长管蚜和桃蚜。蚜虫为持久性传毒。草莓钉毛蚜得毒饲育时间为8小时，接毒饲育时间为6小时。虫体内循环期为24～40小时，接毒15～30天才表现症状。

【防治方法】　一是选用抗病品种如美国3号、甜查理等。二是及时进行轮作和倒茬，尽量避免在同一地块上多年连作草莓。三是引种时，严格剔除病种苗，不从得病区或重病田引种。四是加强田间检查，一经发现立即拔除病株并烧毁。五是从苗期开始及时有效地防治蚜虫和介体线虫。六是严格检疫，提高检测手段和技术，实施引种隔离检验制度。七是用脱毒技术繁育无毒种苗。脱毒技术包括热疗、茎尖组织培养、花药培养等方法。轻型黄边病毒耐高温，不易灭杀，需使热处理与茎尖培养结合或花药培养才能脱毒。

27. 草莓斑驳病毒病

【发病规律】 草莓斑驳病毒病主要通过蚜虫和嫁接传播。传毒蚜虫共有 12 种，其中主要有草莓钉毛蚜、托马斯毛管蚜和小毛管蚜。草莓斑驳病毒为非持久型蚜传病毒，蚜虫得毒和传毒时间很短，仅为数分钟，但时间增长，传毒效率增高。病毒在蚜虫体内无循回期。蚜虫在数小时内失去传毒能力。

【防治方法】 同草莓轻型黄边病毒病。另外，根据日本报道，用 2.5% 溴氰菊酯乳油 1 000 倍液防治，其侵染率可减少至15.4%，而对照侵染率为 86.4%。热疗法对其脱毒效果较好。

28. 草莓皱缩病毒病

【发病规律】 草莓皱缩病毒病主要由蚜虫传播，也可通过嫁接传染，但不能通过汁液传染。主要传毒蚜虫为草莓钉毛蚜。皱缩病毒与蚜虫的关系属持久性。草莓钉毛蚜得毒饲育时间为 24小时，病毒在蚜虫体内循回期 10 ~ 19 天，接毒饲育后，经 4 ~ 8周的潜伏期才表现症状。蚜虫得毒后，能在数天内保持传毒能力。蚜虫可终生带毒，并能在虫体内增殖。

【防治方法】 栽培无病毒种苗和防治蚜虫是防治草莓皱缩病毒病的重要措施。在 38℃ 下恒温处理数月或在 35℃ ~ 41℃ 下变温处理数周、茎尖培养及热处理（38℃，6 ~ 7 周）与茎尖培养（0.5 ~ 0.6 毫米）结合脱毒，均可获得无皱缩病毒的母株。

29. 草莓镶脉病毒病

【发病规律】 草莓镶脉病毒病主要由蚜虫传播，嫁接和菟丝子也能传染，但不能汁液传染。主要传毒蚜虫有草莓钉毛蚜、托马斯毛管蚜、花毛管蚜及 *Myzus ornatus* 等 10 余种。不同种的蚜虫具有传毒专化性，只能传播镶脉病毒的不同株系。蚜虫为半持久性传毒。蚜虫得毒饲育时间为 30 分钟，保毒时间卷叶株系为 1 小时，普通株系（镶脉株系）为 8 小时，坏死株系为 24 小时。病毒在蚜虫体内循回期普通株系为 10 小时。

【防治方法】 培育和栽培无病毒种苗是防治草莓镶脉病毒病的有效措施。在 42℃ 下热处理 10 天，或茎尖培养，或在 37℃ 下处理 6 周后再进行茎尖培养均可获得无镶脉病毒的母株。

30．草莓丛枝病

【发病规律】 草莓丛枝病类菌原体寄生范围较广，由东方叶蝉 (*Macrosteles orientalis*) 接种传毒，能侵染约 12 科 26 种植物。

【防治方法】 一是把病芽放在四环素溶液内，浓度为 1 000 单位／毫升，浸 2 小时，用清水洗净后晾干定植，采用小芽腹接法嫁接在健康草莓上，防效优良。二是生产上发现该病时，可在发病初期用医用四环素或土霉素溶液 4 000 倍液喷洒或灌根，间隔 10 天左右 1 次，连防 2 ~ 3 次，效果较好。三是通过检疫，避免本病传播。四是注意防治叶蝉。五是发现病株及时拔除销毁。

31．草莓绿瓣病

【发病规律】 草莓绿瓣病主要通过叶蝉传播。田间草莓从 6 ~ 10 月份均可发病，但叶蝉传毒高峰期在 8 月份。草莓绿瓣病还可通过菟丝子传染。发病株率年份间有变化，主要取决于气候条件和栽培品种。

【防治方法】 一是传毒叶蝉的防治，在草莓生长季节定期喷布杀虫剂防治叶蝉，可减少草莓绿瓣病的发生。二是抗菌素的使用，类菌原体对四环素敏感，植株刚感染绿瓣病时，根部浸泡或叶面喷施四环素液，可使病株不同程度的康复。三是培育和栽植无病种苗，草莓苗在40℃～42℃下处理3周，切取新生匍匐茎尖或小植株的顶端分生组织进行培养，可获得无绿瓣类菌原体的母株。在防虫条件下进行隔离繁殖。无毒种苗尽可能种植在远距种有草莓的地方。每隔3～5年换1次种。四是植株检疫，草莓绿瓣病及其他类菌原体病害在草莓上常造成毁灭性危害。这些病害仅在局部地区发生，因此，从发病区引种时，一定要严格进行检疫，一旦发现就应立即销毁，杜绝传入。

二、生理病害防治

1. 草莓嫩叶日灼病

【病　因】　受害株根系发育较差，新叶过于柔嫩，特别是雨后暴晴，叶片蒸腾，实是一种被动保护反应，但可削弱草莓的生长势，在中北纬度光照好的地区更易发生。另一种是经常喷洒赤霉素，阻碍根的发育，加重发病。

【防治方法】　一是栽健壮秧苗，在土层深厚的田块种草莓，以利于根系发育。二是高温干旱季节之前在根际适当培土保护根系。三是慎用赤霉素，特别在干旱高温期要少用赤霉素。

2. 草莓生理性白化叶

【病　因】　据最新研究，草莓生理性白化叶不会由嫁接、机械伤或昆虫携带的植株汁液传播到健康植株，而会由父系或母系传播到后代实生苗。有证据显示，草莓生理性白化叶是一种非传染性的基因起源病症，但是仍无法确定它的遗传机理。病症不能归咎于核基因，而且已表明细胞质基因参与其中；有些科学家猜测，细胞质基因或许起到了病毒或类病毒的作用。对草莓生理性白化叶植株的专门测试没有发现类病毒，而且电子显微镜对于被感染植株的病叶切片的大量研究也没有发现任何病毒的微粒或其他致病物。但是，这类研究发现了受感染植株的叶绿体和细胞质膜的严重破裂，并且破裂程度会随着病症的严重程度而增加。所以该病与遗传有关。据观察，美国6号、石莓5号常有病株发生。

【防治方法】 发现病株立即拔除，不能作母株繁苗使用，不栽病苗，选用抗病品种。

3.草莓生理性白化果

【病　因】 低光照和低糖是引起白化果的主要原因。属生理性病害，浆果中含糖量低和磷钾元素不足易导致此病发生。施氮肥过多、植株生长过旺的田块，着果多而叶片生育不良的植株，以及果实中可溶性固形物含量低的品种易发生白果病。如果结果期天气温暖而着色期冷凉多阴雨，则发病加重。

【防治方法】 一是多施有机肥和完全肥，不过多偏施氮肥。二是选用适合当地生长的品种和含糖量较高的品种。三是采用保护地栽培，适当调控温、湿度。

4.草莓生理性叶烧

【病　因】 春、夏干旱高温，叶片失水过多，叶缘缺水枯死，或施肥过量，土壤溶液浓度过高，根系吸水困难导致植物体严重缺水也会发生这种叶烧病状。天旱高温病情加重。

【防治方法】 一是根据天气干旱情况和土壤水分含量情况适时补充土壤水分。二是不过量猛施肥料。施肥后要及时灌水。

5.草莓冻害

【病　因】 草莓越冬时，绿色叶片在－8℃以下的低温中可大量冻死，影响花芽的形成、发育和翌年的开花结果。在花蕾和开花期出现－2℃以下的低温，雌蕊和柱头即发生冻害。通常是越冬前降温过快而使叶片受冻，而早春回温过快，促使植株萌动生长和吐花序开花，这时如果有寒流来临、冷空气突然袭击或冬季保护地生长的草莓遇大风骤然降温，即使气温不低于0℃，由于温差过大，花器抗寒力极弱，突然降温不仅使花朵不能正常发育，往往还会使花蕊受冻变黑死亡。花瓣常出现紫红色，严重时幼果也会受冻变成褐色或变成褐毛果，果坚硬不再长大，失去商品价值。叶片受冻呈片状干卷枯死。

【防治方法】 一是晚秋控制植株徒长，冬前灌防冻水，越冬及时覆盖防寒。二是早春不要过早去除覆盖物，在初花期于寒流来临之前要及时加盖地膜防寒或熏烟防晚霜危害。保护地在严冬要加固保护设施，遇突然强降温时要加厚覆盖物或室内适当加温，使室内最低温度保持在5℃以上。

6. 草莓雌蕊退化

【病 因】 一种是缺硼，硼能促进糖转移，并影响核酸代谢。花蕊缺硼，发育便会受到阻碍。另一种是在促成和半促成栽培中，为了缩短休眠期、促进现蕾开花进行赤霉素处理和高温处理，当处理不当时便会引起生理失调，植株徒长和器官畸形，雌蕊变态花托膨大受阻，形不成果实。

【防治方法】 一是基肥使用要适量，如果基肥过多或钾素和土壤水分过多，根的活力便会下降，从而导致硼的吸收减少。二是慎用赤霉素，因为赤霉素浓度过高、用量过多、温度过高都会造成生理失调和雌蕊退化。

7. 草莓帚状乱形果

【病 因】 施氮肥过多，氮对硼产生拮抗作用，使植株缺硼，生长点中植物生长素的含量水平显著提高，在花芽即将分化前，生长点呈带状扩大，有两朵以上的花同时分化，到现蕾时伸出 2～3 枝花梗同时开花，从而便形成鸡冠形果、双头果或多头果。另外，根部受损或土壤不适影响硼的吸收从而导致此种结果。

【防治方法】 一是草莓田不要过多施氮肥，施肥后要及时灌水，保持土壤湿润，以利于对硼的吸收。二是要防止伤根，保持土壤疏松。

8. 草莓畸形果

【病　因】 一是品种本身育性不高，雄蕊发育不良，雌蕊器官育性不一致，导致授粉不完全引起的。二是棚室内授粉昆虫少，或由于阴雨低温等不良环境影响导致授粉昆虫少，或花果中花蜜和糖分含量低，不能吸引昆虫授粉。三是开花授粉期温度不适、光线不足、湿度过大等，导致花器发育受到影响或花粉稔性下降，花粉开裂和花粉发芽受到影响，遮光和短日照也会使不稔花粉缓慢增加，出现受精障碍。四是田间温度低于 0℃ 或高于 35℃，花粉及雌蕊受到较大伤害而影响授粉。五是草莓在棚温 22℃～25℃ 条件下，授粉后半小时，花粉管若开始伸长，4 个小时到达子房，6 个小时伸展到整个子房，生产中在花粉管伸长到花柱的途中，或刚达子房时喷洒灭螨猛（Morestan）、敌螨普（Karathane）、胺磺铜（DBEDC）等药剂致雌蕊退化褐变，以后即使授以正常花粉，也多形成严重的畸形果或不受精，所以雌蕊障碍是产生畸形果的重要原因之一。

【防治方法】 一是选育使用花粉量多、耐低温、畸形果少、育性高的品种，如宝交早生、幸香、石莓 4 号、卡姆罗莎等。二是改善栽培管理条件，排除花器发育受到障碍的因素，尽量将温度控制在 10℃～30℃，开花期空气相对湿度控制在 60% 以下，白天防止 35℃以上高温出现，夜间防止 5℃以下的低温出现。提高花粉的稔性，减少畸形果发生。三是防治白粉病等病虫害的药剂，应在开花 6 小时受精结束后再喷洒，有利于防止草莓产生畸形果。四是花期放蜂加强昆虫授粉。大棚低温期开的花，通过放蜂进行异花授粉防止畸形果的产生效果很好。一般每个标准棚放蜂 5 000 只左右，大致 1 株草莓约合 1 只蜂，只要温湿度合适，可使授粉率高达 100%。最好用小蜂箱，在花少时要注意补充糖液，开花放蜂期不要喷洒农药，必需用药时，应把蜂箱暂时搬出。大棚通风口要用窗纱罩住，以免通风时蜜蜂飞出棚外。

9. 草莓果实日灼病

【病　因】　盛夏草莓植株阳面无叶片遮盖的果实，在干旱和烈日下，果实阳面局部温度过高而使果面烧灼，受伤坏死干腐。

【防治方法】　盛夏时不要使草莓田过于干旱，保持土壤湿润。加强肥水管理，使植株生长健壮，使枝叶能适当给果实遮阴。加强对叶部病虫害的防治，保持植株枝叶完整。

10. 植物生长调节剂药害

【病　因】　赤霉素可促进植物细胞分裂和伸长，发挥顶端优势，浓度过高或用药量过多，就会使植株旺长。叶柄和花序梗生长过长，把有限的营养过多的用于植株伸长生长，限制了果实的生长造成长穗小果，从而造成严重减产。

乙烯利是促进成熟的植物生长调节剂，可以调节植物生长、发育、代谢等生理功能，促进果实成熟及叶片、果实的脱落，矮化植株。乙烯利易被植物吸收，在植物体内逐渐释放出乙烯，增加植株的过氧化酶活性，从而减少顶端优势。使用过量或过早，易使果实减产、植株生长受抑制和生长衰弱。

多效唑是一种植物生长暂时性延缓剂，可抑制植物体内赤霉素的合成，控制茎秆伸长，抑制顶芽生长，促进侧芽萌发和花芽的形成，增加花蕾数，提高坐果率，改善果实品质，提高抗寒力。但使用浓度超过 500 毫克／升，因抑制作用太强，植株 矮缩，会造成减产。

膨大素刺激性过快，幼果果肉细胞生长和伸长速度过度，膨大速度超过生长速度，造成孔洞、畸形果。

【防治方法】 严格掌握植物生长调节剂的使用适期、使用浓度、用药量和使用次数。赤霉素原粉难溶于水，使用时先用少量 95% 乙醇溶解后加水稀释，水溶液易失效，现配现用。不可与碱性农药和肥料混用。乙烯利应在果实近成熟时，用 1 000 毫升／升的溶液喷洒果实。不可与碱性农药混用。为了抑制草莓匍匐茎的发生，在 6 月中旬和 7 月上旬分别喷 1 次 250 毫克／升的多效唑，不要超过 500 毫克／升。膨大素一定要控制好浓度以免造成果实过速膨大崩裂。

11. 缺 氮

【病　因】 土壤瘠薄，且没有正常施肥，易表现缺氮。管理粗放，杂草丛生时，常缺氮。灌水量过大，氮素流失。

【防治方法】 施足基肥，以满足春季生长期短而集中的生长特点。发现缺氮时，每 667 米^2 可土施硝酸铵或尿素 10 ～ 15 千克。施后立即灌水，效果明显。也可在花期前后喷 0.3% ～ 0.5% 尿素 1 ～ 2 次。

12. 缺 磷

【病因】 草莓缺磷主要是土壤中含磷量少，如果土壤中含钙量多或酸度高时，磷素被固定，不易被吸收。在疏松的沙土或有机质多的土壤上也易发生缺磷现象。

【防治方法】 可在草莓栽植时每 667 米^2 增施过磷酸钙 50 ～ 100 千克，随农家肥一起施入，或在植株开始出现缺磷症状时，每 667 米^2 喷施 1% ～ 3% 过磷酸钙澄清液 50 升，或叶面喷布 0.1% ～ 0.2% 磷酸二氢钾 2 ～ 3 次。

13. 缺 钾

【病因】 在沙土及有机肥和钾肥少的土壤容易缺钾。施氮肥，特别是铵态氮肥过多，对钾吸收有拮抗作用。另外，土壤中钙、镁元素含量过高，亦可抑制根系对钾元素的吸收，温度低、光照弱的环境条件下，也降低根系对钾的吸收能力。

【防治方法】 严格控制铵态氮肥的施用量，增施厩肥等农家有机肥和磷、钾肥。钾肥不足时，每 667 米^2 可施硫酸钾或氯化钾复合肥 6.5 千克左右。亦可叶面喷布 0.2% ～ 0.3% 磷酸二氢钾 2 ～ 3 次。

14. 缺 钙

【病因】 土壤干燥，土壤溶液浓度大，阻碍对钙的吸收。酸性土壤，或年降雨量多的沙质土壤容易发生缺钙现象。施用氮肥或钾肥过多，抑制根系对钙的吸收。

【防治方法】 一是用作基肥的有机肥或堆肥沤制要充分，使其充分腐熟，从而使钙元素处于容易被根系吸收的状态。二是因土壤偏酸而缺钙时，可撒施石灰或石膏调节土壤酸碱度，并补充土壤钙元素。一般每 667 米^2 施用量为 35～70 千克，视缺钙程度而定。石膏如作追肥施用时应减少用量。三是施氮肥、钾肥避免过量。四是深耕土壤，适时适量灌水，尤其在草莓现蕾期和开花期，保证土壤水分的充足供给。五是叶面喷施 0.3% 氯化钙水溶液可减轻缺钙现象。

15. 缺 镁

【病　因】　在沙土地上栽培草莓，易出现缺镁症。钾肥、氮肥用量过多，也可阻碍对镁的吸收。

【防治方法】　在缺镁地块可增施镁肥，镁肥可用作基肥或追肥。镁含量低于 0.1% 的植株应施速效性镁肥，如硫酸镁，可在草莓定植前每 667 米^2 施入 4～8 千克，或按草莓栽植行每米追施 6.5～13 克，或叶面喷施 1%～2% 的硫酸镁水溶液，应连续喷几次。同时，要增施有机肥，避免一次过量施用氮肥、钾肥。在一般情况下，随着镁肥的被吸收，叶片枯焦现象也会被阻止。

16. 缺 硼

【病　因】　土壤缺硼及土壤干旱时，易发生缺硼症。华南花岗岩发育的红壤和北方含石灰的碱性土壤能降低根系对硼的有效吸收，易缺硼。旱涝失调，施用钾肥过多都会造成缺硼。缺硼时，并不直接影响植株对钙的吸收量，但缺钙症则伴有缺硼症的发生。

【防治方法】　改良土壤，多施有机肥，增加土壤的保水能力，合理灌溉，增加土壤可溶性硼含量，以利于植株的吸收。缺硼的草莓及时补充硼肥，叶面喷施 20.5% 速乐硼 1 000 倍液，或 0.1% ～ 0.2%硼砂或硼酸液。注意配液时，将硼砂先置于60℃～70℃水中溶解后，再稀释至规定浓度 。由于草莓对过量硼比较敏感，所以花期喷施时浓度应适当降低。对于严重缺硼的土壤，应在草莓栽培前后土施硼肥，1米长栽植行施1克硼肥即可。

17. 缺 铁

【病 因】 一般情况下，土壤中不缺乏铁元素，但铁元素所处的状态直接影响植物根系的吸收能力。在碱性土壤中，铁元素被氧化成难溶的 3 价铁，因为植物不能有效地吸收利用，从而表现出缺铁症状。在盐碱地、含石灰质多的地块，土壤 pH 达到 8 时，土壤中的铁元素便以不易被植物吸收的 3 价铁状态存在。同时，由于 pH 高，草莓根系的生长收受到伤害，根尖死亡，吸收铁元素困难，尤其在高温季节，草莓植株营养体生长量大，铁元素供需矛盾就变得更为突出，常造成草莓缺铁黄叶病的严重发生。

【防治方法】 防止缺铁可在栽培草莓时土施硫酸亚铁或螯合铁，也可在刚出现缺铁症状时追施，1米长栽植行施用量为 1 ～ 2 克。土壤 pH 调节至 6 ～ 6.5 较适宜草莓生长。不应使用大量的碱性肥料。用 0.1% ～ 0.2%硫酸亚铁水溶液叶面喷施。

18. 缺 锌

【病 因】 在沙质土壤或盐碱地上栽植的草莓易发生缺锌现象。被淋洗的酸性土壤、地下水位高的土壤和土层坚硬、有硬盘层的土壤易缺锌。含磷量高或大量施氮肥使土壤变碱，易缺锌。土壤中有机物和土壤水分过少，易缺锌。土壤中铜、镍等元素不平衡也易导致缺锌。

【防治方法】 增施有机肥，改良土壤。叶面喷布 0.1%硫酸锌溶液，但要慎用，避免药害。

19. 缺 锰

【病 因】 北方的石灰性土壤如黄淮海平原、黄土高原等盐碱地易缺锰。叶片锰含量小于25毫克／千克时出现缺锰症状。

【防治方法】 在草莓定植时土施硫酸锰，1米栽植行施1～2克，或出现缺锰症状时，叶面喷施80～160毫克／升硫酸锰水溶液，在开花或大量坐果时不喷。

20. 缺 铜

【病 因】 石灰性和中性土壤以及沙性土壤有效铜低于0.2毫克／千克时，易缺铜。

【防治方法】 每667米^{2}施硫酸铜7～10千克，与有机肥或化肥混合基施。3～5年施1次即可。或在缺铜的土壤上定植草莓前，每1米长栽植行土施硫酸铜1～2克，或根外喷施0.01%～0.02%硫酸铜溶液。

21. 缺 硫

【病 因】 我国北方含钙质多的土壤，硫多被固定为不溶状态，而南方丘陵山区的红壤，因淋溶作用，硫流失严重，这些地区的草莓园易缺硫。

【防治方法】 对缺硫的草莓园施用石膏或硫磺粉即可。一般可结合施基肥，每667米^{2}增施石膏37～74千克，或每667米^{2}施用硫磺粉1～2千克，或栽植前每1米栽植行施石膏65～130克。施硫酸盐一类的化肥，硫也能得到一定的补充。

22. 缺 钼

【病因】 由黄土母质发育的土壤含钼量少,如黄河、淮河和湖滨冲积土壤含钼量都较少。红壤等酸性土壤虽含钼较多,但含有效性钼较少。钼的最适 pH 在 6 ~ 6.5。据有关资料,我国土壤含钼量为 0.1 ~ 6 毫克/千克,平均仅 2 毫克/千克,其中对植物有效的地不过 10%,因此,即使在含钼较高的土壤(如腐殖土)施用钼肥,也有良好肥效。

【防治方法】 对缺钼的草莓植株,用 0.01% ~ 0.05% 钼酸铵或钼酸钠溶液进行叶面喷施,或在草莓栽植时按 1 米行长土施 0.065 ~ 0.13 克的钼酸盐。

三、 虫害防治

1.古毒蛾

【发生规律】 古毒蛾在北方1年发生1～3代，以卵在茧内越冬。雌虫将卵产在茧内、茧上或茧附近，每头雌虫产卵150～300粒。初孵幼虫2天后开始取食，群集于幼芽、嫩叶上取食，能吐丝下垂借风力传播。稍大即分散为害，多在夜间取食。常将叶片吃光。幼虫共五至六龄。老熟后结茧化蛹，8月份前后蛹羽化出成虫，经交尾后产卵越冬。

【防治方法】 一是冬春季人工摘除卵块并灭杀。二是保护利用天敌，主要有小茧蜂、细蜂、姬蜂及寄生蝇等。三是利用黑光灯诱杀成虫。四是药剂防治。幼虫期喷药防治，发生初期喷洒10%吡虫啉可湿性粉剂1 500倍液，或25%氯氟氰菊酯乳油2 000倍液，或25%灭幼脲3号悬浮剂2 000倍液。

2.茸毒蛾

【发生规律】 茸毒蛾在东北1年发生1代，少数2代，以幼虫越冬。在陇海铁路沿线至长江中下游每年发生3代，以蛹越冬，翌年4月中下旬羽化，1代幼虫发生于5月份至6月上旬，2代幼虫发生于6月下旬至8月上旬，3代幼虫发生于8月中旬至11月下旬，越冬代蛹期半年左右。成虫羽化当晚即可交尾产卵，每块卵20～300粒，多的可达500～1 000粒。1代、2代卵可产于叶面上，越冬代卵多产在树枝干上。幼虫历期25～50天。

【防治方法】 一是保护利用舞毒蛾黑瘤姬蜂、蚂蚁、食虫蝽类天敌。二是消灭越冬虫源。三是药剂防治。大发生时用80%晶体敌百虫800倍液或2.5%溴氰菊酯乳油3000倍液，或80%乐果乳油800倍液，或25%灭幼脲3号悬浮剂2000倍液喷洒防治。

3. 小白纹毒蛾

【发生规律】 小白纹毒蛾1年发生8～9代，3～5月份发生多。成虫羽化后因不善飞行，雌蛾常攀附在茧上、等待雄蛾飞来交尾，把卵产在茧上，块状，卵块上常覆有雌蛾体毛，初孵幼虫有群栖性，虫龄长大后开始分散，有时可见10余头幼虫聚在一起，老熟幼虫在叶或枝间吐丝做茧化蛹。茧上常覆有幼虫体毛，雄虫茧常小于雌虫茧。

【防治方法】 参见古毒蛾。

4. 肾纹毒蛾

【发生规律】 肾纹毒蛾在江淮与黄淮间1年发生3代、江南4代、浙江5代，均以三龄幼虫在枯枝落叶或树皮缝隙等处越冬，南方重于北方。各个世代通常在不同种植物间转移完成，但在两年一栽的草莓地里，由于草莓生育期长，可以完成周年生活史。幼虫三龄前群聚叶背剥食叶肉，吃成罗网或孔洞状，四龄食量大增，五至六龄暴食期每天可吃1～3片单叶。越冬代幼虫春季暴食期与草莓花蕾、花期相遇，可以为害花和果实，对结果量和果形有明显影响，以后各代影响育苗质量。

【防治方法】

（1）农业防治 重点捕杀初龄期在叶背集中为害的幼虫团，压低越冬虫口基数和各代为害基数。

（2）药剂防治　用敌百虫、菊酯类杀虫剂杀灭，或用杀螟杆菌（Bt）每克含菌 100 亿个的制剂 700～800 倍液喷洒，或 25% 灭幼脲 3 号悬浮剂 2000 倍液喷洒。

5．丽木冬夜蛾

【发生规律】　丽木冬夜蛾在江苏 1 年发生 1 代，以完全长成的成虫在土下的蛹壳中越冬。翌年 3～4 月份羽化出土。幼虫于 4 月下旬始见，5～6 月份老熟，入土后吐丝结茧蛰伏越夏，9～10 月份化蛹。

【防治方法】　一是注意保护和利用天敌。天敌有螳螂、蜘蛛和鸟类。二是药剂防治见花弄蝶。

6．红棕灰夜蛾

【发生规律】　红棕灰夜蛾一般 1 年发生 1 代，以幼虫和蛹在土中越夏，至 8～9 月份羽化，成虫交尾产卵后再以三龄大小的幼虫越冬。

【防治方法】　一是摘除病老残叶、捕杀幼虫。二是用 80% 晶体敌百虫 800 倍液，或 20% 氰戊菊酯 3000 倍液喷雾，或用 80% 敌敌畏乳油 100～150 毫升对细土 15 千克制成毒土，每 667 米^2 撒 15 千克于株间熏杀，或用 25% 灭幼脲 3 号悬浮剂 2000 倍液喷施。

7．斜纹夜蛾

【发生规律】　斜纹夜蛾在我国华北地区 1 年发生 4～5 代、长江流域 5～6 代、福建 6～9 代。在广东、广西、福建、台湾可终年繁殖，无越冬问题，长江流域多在7～8月份大发生，黄河流域多在8～9月份大发生。成虫夜间活动，飞翔力强，一次可以飞数十米远，高达10米以上。成虫有趋光性，并对糖醋酒液有趋性。卵多产于高大茂密、浓绿的边际作物上，以植株中部叶片背面叶脉分叉处最多。初孵幼虫群集取食。三龄前仅食叶肉，残留上表皮及叶脉，呈白纱状后转成黄色，易于识别。四龄后进入暴食期，多在傍晚出来为害。老熟幼虫在1～3厘米表土内做土室化蛹，土壤板结时可在枯叶下化蛹。

【防治方法】

(1) 农业防治　主要清除田间及地边杂草，灭卵及初孵化幼虫，利用其对黑光灯和性引诱剂的趋性，进行诱集灭杀，人工采卵或捕捉低龄幼虫。

(2) 药剂防治　掌握在3龄前局部发生阶段挑治。用5%氟啶脲乳油，或5%氟虫脲乳油2 000～2 500倍液，或5.7%氯氟氰菊酯乳油4 000倍液，或5%S－氰戊菊酯乳油2 000倍液，或10%吡虫啉可湿性粉剂1 500倍液，或4.5%氯氰菊酯乳油2 000倍液，或25%灭幼脲3号悬浮剂2 000倍液喷施。用药时间最好选用傍晚效果好。

8．梨剑纹夜蛾

【发生规律】　梨剑纹夜蛾在我国自北向南1年发生2～5代。北方以蛹，南方以蛹及幼虫越冬。江苏3月下旬始蛾，成虫昼伏夜出，对糖醋液、黑光灯有较强的趋性。羽化后2～3天产卵，卵产于叶背等处，数十粒至数百粒成块。幼虫一般6个龄期，初孵幼虫喜群集叶背剥食叶肉，三龄时分散。在草莓上，五至六龄幼虫暴食期间，1头幼虫1天可食毁1～3个叶片。幼虫尤喜食花蕾、花、花枝、果梗和嫩果，破坏性很大。

【防治方法】 一是保护利用天敌。二是结合摘除老叶等田间管理，根据被害情况摘除初孵幼虫团。三是药剂防治。选用90%晶体敌百虫1 000倍液，或2.5%溴氰菊酯乳油3 000倍液，或25%灭幼脲3号悬浮剂2 000倍液喷洒防治。

9. 棉褐带卷蛾

【发生规律】 棉褐带卷蛾在黄河故道1年发生4代，辽宁、华北3代，以幼龄幼虫在缝隙内结白色薄茧越冬。发芽时开始出蛰，出蛰幼虫为害幼芽、花蕾和嫩叶，老熟后卷叶内化蛹，蛹期6～9天。成虫昼伏夜出。有趋光性，对果汁、果醋和糖醋液趋性强。羽化后1～2天便可交尾产卵。卵多产于叶面，亦有产在果面和叶背后。每头雌虫可产卵百余粒，卵期6～10天。初孵幼虫多分散在卵块附近的叶背和前代幼虫的卷叶内为害，稍大后各自卷叶并可为害果实。幼虫很活泼，震动卷叶急剧扭动身体吐丝下垂。秋后以末代幼龄幼虫越冬。

【防治方法】

（1）释放天敌 卵有松毛虫赤眼蜂，幼虫有甲腹茧蜂、狼蛛、草蛉、白僵菌等。卵和幼虫发生期放蜂，每代放蜂3～4次，间隔5天。辽南地区第一次放蜂在6月15日左右，山东为6月5日左右。平均每次放蜂约2万头，总放蜂量7万～8万头。

（2）田间管理 及时摘除卷叶灭杀。

（3）药剂防治 越冬幼虫出蛰盛期及第一代卵孵化盛期后是施药的关键时期，可用25%喹硫磷乳油、50%杀螟硫磷乳油、50%马拉硫磷乳油1 000倍液，或20%甲氰菊酯、16%氯·灭混合乳油1 500倍液，或2.5%三氟氯氰菊酯乳油、5%S-氰戊菊酯乳油、20%氰戊菊酯乳油3 000～3 500倍液，或2.5%联苯菊酯乳油4 000～5 000倍液，或25%灭幼脲3号悬浮剂2 000倍液喷施防治，也可用其他菊酯与有机磷复配剂进行防治。采收前9天停止用药。

10.棉双斜卷蛾

【发生规律】 棉双斜卷蛾在江苏1年发生4代，以幼虫或蛹越冬，翌年3月下旬成虫出现，4月中旬幼虫盛发，5月中旬至6月中旬2代幼虫盛发，以后各代重叠发生。幼虫为害多种作物的顶芽和叶片，如棉、麻、草莓、黑莓、苜蓿、花生等。

在草莓上以春季第一代幼虫发生为害最重，幼虫吐丝将嫩头卷缀一起，潜居其间，取食时头伸出咬食，可以咬断花蕾、果梗及嫩叶柄，蛀食嫩果等，在成长叶片结成饺形虫包。幼虫一生要转包1～3次，为害2～3株草莓，破坏性极大，局部损失严重。有年度间猖獗发生现象。

【防治方法】 一是结合田间管理捏杀虫包中幼虫。二是保护利用天敌。三是药剂防治。用25%杀虫双水剂400倍液，或50%杀螟硫磷乳油1 000～1 500倍液，或80%敌敌畏乳油1 000～2 000倍液喷雾。

11.草莓镰翅小卷蛾

【发生规律】 草莓镰翅小卷蛾在江苏1年发生4～5代，10～11月份以老龄幼虫在老叶上结封闭式虫包中结茧越冬。春季3～4月份化蛹，4～5月份羽化，后为1代幼虫期，2代幼虫于6月中旬至7月上旬盛发，7月中下旬2代蛾盛发，8月上旬3代蛾盛发，8月底4代蛾盛发，8～10月份世代重叠现象严重。

夏季成虫产卵前期2～3天,每头雌虫产卵20～30粒。卵期3～5天,幼虫历期约20天。幼虫孵化后先在幼嫩叶片边缘卷狭长小包,并可将整叶对折成饺形虫包,虫包接缝处有细密发亮白丝为其特征,幼虫在包内剥食叶肉,有转包习性,1生可食毁1～3片单叶。

草莓镰翅小卷蛾虫体虽小,但大发生时虫量极多,因而有毁灭性后果。此虫为喜干燥耐高温虫种,陇海铁路线以北发生较重;耕作粗放、缺肥缺水、叶片弱小薄者,以及连作田受害重,美国6号、新明星、石莓5号等品种叶片厚硬,较耐虫。

【防治方法】 一是实施检疫。防止此虫传播蔓延。二是秋冬清洁田园,摘除虫包集中烧毁,减少越冬虫源。三是选用美国6号、新明星、石莓5号等耐虫品种。四是加强肥水管理,促进植株健壮生长,既利于增产,又能提高抗虫、耐虫能力。五是药剂防治。于盛蛾盛孵期选用80%敌敌畏乳油1 000倍液,或90%晶体敌百虫800倍液,或20%甲氰菊酯乳油2 000倍液喷雾防治。

12. 大 蓑 蛾

【发生规律】 大蓑蛾在国内自北往南1年发生1代、长江流域1～1.5代。1代区以老熟幼虫在袋囊内越冬,翌年4～5月份羽化。初孵幼虫可随风和鸟类传播。当飘落到寄主上后,立即吐丝造囊,然后取食,寄主种类多达100多种。在草莓上不断咬下大块叶后黏附在蓑囊外,加重了对草莓的为害。幼虫期天敌有病毒、细菌、真菌和寄生蝇、寄生蜂等多种。

【防治方法】 一是人工摘除袋囊捕杀。二是保护利用天敌。三是药剂防治。用90%晶体敌百虫1 000倍液,或菊酯类农药,或每毫升含1亿孢子的青虫菌液喷雾防治。四是用性诱剂诱杀雄蛾。

13. 花弄蝶

【发生规律】　花弄蝶在长江流域江苏 1 年发生 3 代，以蛹越冬。1 代幼虫发生在 4 月底至 6 月上旬，6 月中旬盛蛹，6 月下旬盛羽化；2 代幼虫发生在 7 ~ 8 月份，8 月中旬盛羽化；3 代幼虫发生于 8 ~ 10 月份，11 月下旬化蛹越冬。卵散产于草莓嫩头、嫩叶及嫩叶柄上。初龄幼虫卷嫩叶边做成小虫包，在内剥食叶肉，叶片老硬卷不动时便在老叶叶面吐白色粗丝做成半球形网罩，躲在其间取食叶肉。在草莓上，成长幼虫以白色粗丝缀合多个叶片组成疏松不规则大虫包，将头伸出取食。三龄幼虫每天可取食 1 片单叶，一生转包多次。幼虫行动迟缓，除取食和转包外，很少活动。

【防治方法】　一是利用幼虫结包和不活泼的特点，进行人工捕杀。二是保护蜘蛛、蓝蝽和寄生蜂等天敌，以增强天敌调控作用。三是药剂防治。喷洒 25% 喹硫磷乳油 1 500 倍液，或 90% 晶体敌百虫 800 倍液，或 2.5% 溴氰菊酯乳油 2 000 倍液，或 25% 灭幼脲 3 号悬浮剂 2 000 倍液使幼虫不能正常蜕皮变态而死亡。采收前 7 天停止用药。

14. 大造桥虫

【发生规律】　大造桥虫在长江流域 1 年发生 4 代，末代幼虫于 9 月底至 10 月下旬入土化蛹越冬。翌年 3 月下旬开始羽化。成虫飞翔力弱，白天静伏树干等处，夜间活动交尾，趋光性强。羽化后 1 ~ 3 天产卵，数十粒至一二百粒成堆，产于树皮缝、土壤缝隙、作物秸秆叶鞘及屋檐瓦缝等处，雌蛾产卵量越冬代约 900 粒，以后各代 1 000 ~ 2 000 粒。卵可随水流传播。夏季 40

天完成1代，卵期5～8天，初孵幼虫吐丝随风飘移传播扩散，幼虫期18～20天，蛹期9～10天，成虫寿命6～8天。天敌有悬茧姬蜂、蜘蛛、食虫蝽、鸟类等。

【防治方法】 一是保护利用天敌。二是药剂防治，选用90%晶体敌百虫、80%敌敌畏乳油、50%辛硫磷乳油1000～1500倍液，或20%氰戊菊酯乳油1000～2000倍液，25%灭幼脲3号悬浮剂1500倍液喷雾防治。

15．大青叶蝉

【发生规律】 大青叶蝉在长江以北1年发生3代、长江以南1年发生4～6代，以卵在苗木、幼树枝干表皮下越冬。翌年春天树液流动时卵开始发育，展叶时孵化，向阳枝条先孵。5～6月份出现成虫，7月下旬至8月中旬为第二代成虫出现期。9～11月份出现第三代成虫。第一、第二代成虫多在草莓和禾本科植物上产卵，第三代成虫则迁往林木果树和蔬菜上。成虫、若虫行动敏捷、活泼，常横向爬行，善跳跃、飞行，趋光性强。至10月下旬成虫群集于幼树枝干上产卵。天敌有蟾蜍和青蛙类、蜘蛛类、鸟类及寄生蜂等。

【防治方法】 一是成虫产卵越冬前，在树干上涂白，防止成虫产卵。二是在越冬卵孵化前击、压枝条上的新月形卵伤痕，消灭冬卵。三是虫口密度大时，每10～15天喷洒1次40%乐果乳油800倍液，或50%敌敌畏乳剂1000倍液防治。

16．草莓蓝跳甲

【发生规律】 草莓蓝跳甲在长江流域1年发生4代，于10～11月份成虫在土缝和枯枝落叶中越冬。翌年3月中下旬开始活动，4月上中旬产卵，4月下旬至8月上旬为1代幼虫盛期，以后各代重叠发生。幼虫除取食外很少活动。幼虫喜阴湿环境。

【防治方法】 一是注意保护利用天敌。其天敌主要有草蛉、蓝蝽、瓢虫、白僵菌等。二是实施清园，生长期及时摘除老叶以消灭卵块和幼虫。三是药剂防治。可选用80%敌敌畏乳油1 000倍液、90%晶体敌百虫8 000～1 000倍液、2.5%溴氰菊酯乳油2 000倍液喷雾。

17. 草莓粉虱

【发生规律】 草莓粉虱在华北及黄河流域发生较多，在北京、河北1年发生10代以上，7～8月份虫口密度增长最快，成虫为集聚性，一片叶背常可见数十头至上百头成虫集聚、交尾、产卵，为害严重。

【防治方法】 一是清除前茬作物的残株和杂草，对温室要进行熏蒸灭虫。二是药剂防治。可选用10%噻嗪酮乳油1 000倍液，或25%灭螨猛乳油1 000倍液，或25%氰戊·马拉松乳油4 000倍液，或2.5%联苯菊酯乳油3 000倍液，或2.5%氯氟氰菊酯乳油4 000倍液，或20%甲氰菊酯乳油2 000倍液喷洒均有较好效果。亦可用蚜虱净烟熏剂熏蒸。

18. 二斑叶螨

【发生规律】 二斑叶螨在我国南方1年发生20代以上，北方12～15代，但在草莓上定居的一般只有3～4代。二斑叶螨的雌螨滞育越冬，早春气温达5℃～6℃时，越冬雌螨开始活动，达6℃～7℃时产卵繁殖，卵期10余天，成虫开始产卵至第一代幼虫孵化盛期需20～30天，以后世代重叠。随气温升高繁殖加快。6月中旬至7月中旬为猖獗为害期。在温室中可提前至3～4月份大量为害，10月份陆续越冬。在温暖干燥的环境下繁殖快，行两性繁殖，亦可孤雌生殖。未受精的卵孵出均为雌螨，每头雌虫可产卵50～110粒。能在叶背拉丝躲藏。喜群集叶背主脉附近，并吐丝结网于网下为害，有吐丝下垂集聚成团、成块，借风力扩散传播的习性。

【防治方法】 一是消灭越冬虫源，清除越冬寄主杂草。二是药剂防治。可选用50%久效磷乳油2000倍液，或5%噻螨酮乳油、73%丙炔螨特乳油2000倍液，或10%联苯菊酯乳油2000～2500倍液，或15%哒螨灵乳油2000倍液，或50%胶体硫200倍液，或0.2～0.3波美度石硫合剂，或20%甲氰菊酯乳油2000倍液喷雾防治。

19. 朱砂叶螨

【发生规律】 朱砂叶螨在我国东北1年发生12代、在南方20代以上，华北以滞育态雌成螨在枯枝、落叶、土缝或树皮缝中越冬，华中以各虫态在杂草丛中或树皮缝越冬，在华南冬季气温高时继续繁殖活动。早春气温达10℃以上时越冬成螨即开始大量繁殖，4月下旬至5月上旬从杂草等越冬寄主迁入草莓田，首先在田边点片发生，再向周围植株扩散。在植株上则先为害下部叶片，再向上部叶片蔓延。以两性生殖为主，1头雌螨可产卵50～110粒，有孤雌生殖现象。其生长发育适温为29℃～31℃，空气相对湿度35%～55%，高温低湿则发生严重，露地草莓以6～8月份受害最重。朱砂叶螨在北方温室可全年繁殖为害。

【防治方法】 参看二斑叶螨。

20. 桃　蚜

【发生规律】　桃蚜1年发生10～30余代，以卵态在桃树枝梢腋芽处越冬。翌年3月中下旬开始孵化繁殖，4～5月份出现有翅迁飞蚜，飞向各种大田作物，开始在草莓的心叶或嫩尖及花蕾、花序上繁殖为害。10月份有翅蚜再飞回桃树上产生有性蚜，交尾后产卵越冬。

【防治方法】　一是保护利用天敌，主要天敌有食蚜蝇、异色瓢虫、草青蛉及蚜茧蜂等都能捕食或寄生大量蚜虫。二是药剂防治。常用药剂有40%乐果乳剂1 000倍液，50%敌敌畏乳剂1 000倍液，或50%杀螟硫磷乳油800～1 000倍液，或50%抗蚜威可湿性粉剂2 500倍液，或2.5%溴氰菊酯乳油3 000倍液，或10%吡虫啉可湿性粉剂1 500倍液喷雾防治，在温室大棚中可用蚜虫净烟熏剂熏蒸防治。采收前10天停止用药。

21. 草莓根蚜

【发生规律】　草莓根蚜在寒冷地区以卵越冬，在温暖地区则以无翅胎生雌蚜越冬。卵产在叶柄和根颈的毛中。越冬卵自翌年春孵化后在植株上寄生为害，5～6月份为繁殖为害盛期。

【防治方法】　5～6月份，在叶、花蕾、根颈处为害时，喷洒10%吡虫啉可湿性粉剂或50%马拉硫磷乳油1 500倍液，或50%抗蚜威可湿性粉剂2 500倍液，或50%杀螟硫磷乳油800倍液，或2.5%溴氰菊酯乳油3 000倍液防治。温室大棚中可用蚜虫净烟熏剂熏蒸防治。采收前10天停止用药。

22. 蝗 虫

【发生规律】 蝗虫在东北、西北、华北均有发生，1 年发生 1 代，以卵在土中越冬。6～9 月份散见于草莓田，零星为害。

【防治方法】 精耕细作，清除杂草。早春卵块孵化前可挖卵消灭。7～8 月份在草莓田可人工捕杀或放鸡啄食。大量发生时可喷甲胺磷等一般杀虫剂均有防效。

23. 短额负蝗

【发生规律】 短额负蝗在长江流域 1 年发生 2 代，在东北地区 1 年发生 1～2 代，在华北 1 年发生 1 代。以卵在土中沟边越冬。4～6 月份若虫孵化，6 月下旬 1 代若虫陆续羽化，7 月下旬至 8 月上旬 2 代若虫孵化后羽化为成虫。10 月前后成虫产卵越冬。干旱年份发生严重。靠近菜田边、树边和杂草丛生的地方受害严重。田埂、路坎和农毛渠多年不翻耕的地方有利于蝗卵保存和繁殖，从而蝗害严重。

【防治方法】 一是精耕细作，清除杂草。早春卵块孵化前及 7 月份 2 代卵孵化前与越冬卵产下后，浅铲田埂消灭土下卵块。二是人工捕杀或放鸡啄食。三是药剂防治。可用甲胺磷、1605 等药剂防治。

24. 油葫芦蟋蟀

【发生规律】 油葫芦蟋蟀 1 年发生 1 代，以卵在土中越冬，翌年 4～5 月份孵化为若虫，经 6 次脱皮，于 5 月下旬至 8 月份陆续羽化为成虫，9～10 月份进入交尾产卵期，交尾后 2～6 日产卵，卵散产在杂草丛、田埂或渠埂路边，深约 2 厘米，雌虫共产卵 34 ～ 114 粒，成虫与若虫昼间隐蔽，夜间活动、觅食、交尾。成虫有趋光性。

【防治方法】 一是毒饵诱杀，苗期每 667 米² 用 50% 辛硫磷乳油 25 ～ 40 毫升，拌 30 ～ 40 千克炒香的麦麸或豆饼，拌时要适当加水，然后撒施于田间。也可用 50% 辛硫磷乳油 50 ～ 60 毫升，拌细土 75 千克，撒入田中，杀虫效果 90% 以上。施药时要从田间四周开始，向中间推进效果好。二是灯光诱杀成虫。

25. 茶翅蝽

【发生规律】 茶翅蝽 1 年发生 1 代，以成虫在空房、屋角、檐下、树洞、土缝、石缝及草堆等处越冬。北方一般 5 月上旬陆续出蛰活动，6 月上旬至 8 月产卵，多产于叶背，块产，每块 20 ～ 30 粒，卵期 10 ～ 15 天，7 月上旬出现若虫，初孵若虫守卵 1 日，6 月上旬至 7 月初为卵孵化盛期，8 月中旬为成虫盛期。9 月下旬成虫陆续越冬，成虫和若虫受到惊扰或触动即分泌臭液，并逃逸。

【防治方法】 一是利用成虫喜欢在室内、场院、石缝、草堆等处越冬的习性，人工捕杀或熏杀。二是成虫产卵盛期摘除叶上的卵块或若虫团灭杀。三是药剂防治。在成虫产卵期和若虫期喷洒 2.5% 溴氰菊酯乳油 2 000 倍液，或 90% 敌百虫晶体 800 ～ 1 000 倍液，或 30% 水胺氰乳油 2 000 倍液，或 20% 氰戊菊酯乳油、2.5% 氯氟氰菊酯乳油 2 000 倍液，或 20% 甲氰菊酯乳油 2 000 倍液混以 80% 敌敌畏乳油 1 000 倍液。采收前 7 天停止用药。

26. 麻皮蝽

【发生规律】 麻皮蝽1年发生1代，以成虫于草丛、墙缝、屋檐下、树洞、裂皮缝及枯枝落叶中越冬。翌年春草莓或果树发芽后开始活动。5～7月份交尾产卵，卵多产于叶背，卵期10～15天，7月份陆续孵化，7～8月份羽化为成虫为害至深秋，10月份开始越冬。成虫飞行力强，喜在草莓或树体上部活动。有假死性，受惊扰时分泌臭液。

【防治方法】 一是秋冬清除杂草，集中烧毁和深埋。二是成虫、若虫为害期清晨震落捕杀，在成虫产卵前进行较好。三是药剂防治。若虫发生期喷药防治，可喷30%水胺氰乳油2 000倍液、20%氰戊菊酯乳油2 000倍液混以50%甲胺磷乳油2 000倍液，或20%甲氰菊酯乳油2 000倍液混以80%敌敌畏乳油1 000倍液。采收前7天停止用药。

27. 点蜂缘蝽

【发生规律】 点蜂缘蝽在国内自北向南1年发生2～4代，以成虫在落叶及草莓株丛和草丛中过冬。翌年3～4月份开始活动，产卵于叶背、嫩梢上。成虫、若虫均极活跃，疾行善飞，喜食害各种豆类，其次为棉、麻、丝瓜、草莓、稻、麦等植物。成虫须吸食植物花等生殖器官后，方能正常发育及繁殖。

【防治方法】 一是清洁田园，减少越冬虫源。二是药剂防治。用90%晶体敌百虫800倍液、20%氰戊菊酯乳油2 000～3 000倍液，连同周围杂草一起喷布防治。

28. 苹毛丽金龟

【发生规律】 苹毛丽金龟在我国1年发生1代，秋天成虫羽化后蛰伏在土下越冬。3～5月份，当地表温度达12℃，平均气温达10℃以上时，柳树、杨树、榆树先后发芽、出叶，随后草莓、杏、桃、梨、苹果陆续开花，这时成虫大量出土，特别是雨后出土更多，都集中到草莓和这些林木果树上取食为害。发生多的年份可将整个花蕾、花朵食光，不能结果。成虫多在中午交尾，交尾后的成虫钻入10～20厘米的土层里产卵，每头雌虫可产卵20～30粒。卵经过20天左右孵出幼虫，就近取食草莓等植物根部，老龄幼虫转移到深层土壤，一般是距地面1米左右土层做土室化蛹。蛹经过20天左右羽化出成虫，在土室里越冬。

成虫的活动易受气温影响，一般是早晚气温低，成虫在植株上不大活动，中午气温升高，成虫活动频繁，取食为害最凶。在成虫发生期间，前期气温低，一般在10℃左右时，成虫白天出土为害，夜间潜入土中隐蔽。后期气温升高至20℃左右时，成虫昼夜都在株丛上。

成虫有假死习性，早晚气温低时，株丛上的成虫遇到震动立即落地假死不动。

【防治方法】 一是成虫发生期间，利用早晚气温低、成虫不爱活动和其受到震动的假死性人工捕杀。二是药剂防治。开花前用50%速灭威可湿性粉剂500倍液，或25%甲萘威可湿性粉剂800～1000倍液杀虫保花。

29. 小青花金龟

【发生规律】 小青花金龟1年发生1代，北方以幼虫越冬，长江流域以幼虫、蛹及成虫越冬。以成虫越冬的翌年4月上旬出土活动，4月下旬至6月盛发。雨后出土多。成虫白天活动，中午前后气温高时活动频繁，取食为害最重，多群集在花上，食害草莓花瓣、花蕊、芽及嫩叶，致落花。成虫喜食花器，故随寄主开花迟早转移危害，成虫飞行力强，具假死性，风雨天或低温时常栖息在花上不动，夜间入土潜伏或在植株上过夜，成虫经取食后交尾、产卵，卵散产在土中，杂草或落叶下。孵化后幼虫为害根部，老熟后化蛹于浅土层。

【防治方法】 以防治成虫为主，最好采取联防人工捕杀。也可结合防治其他害虫，喷洒25%喹硫磷乳油1 000倍液，或16%氯·灭混合乳油1 500倍液。采收前7天停止用药。

30.黑绒金龟

【发生规律】 黑绒金龟在我国1年发生1代，以成虫在土中越冬。翌年3月中下旬气温升至10℃以上时出土活动，雨后出土多，4月中下旬至6月中旬为发生为害盛期，多群集为害。于傍晚取食和交尾，雌虫在土中产卵，幼虫以腐殖质和植物嫩根为食，8月中旬羽化为成虫。成虫于傍晚温湿无风的天气出土为害较多，3～4小时后于晚上9～10时多自动落地入土潜伏。成虫有趋光性和假死性。

【防治方法】 一是结合秋施肥进行深翻，对翻出的幼虫人工捡拾或赶入鸡、鸭啄食。二是每667米^{2}用50%辛硫磷乳油0.2～0.25千克，加水10倍稀释，加25～30千克细土搅拌均匀制成毒土，撒入定植行。或把毒土混入基肥施入草莓田或定植坑内再行定植。三是不施未腐熟的粪肥。四是利用成虫有较强的趋光性，喜食嫩芽、嫩叶和假死性，可利用杨、柳、榆嫩芽枝条蘸上 80% 晶体敌百虫 100 倍液分插草莓田诱杀,或利用黑光灯诱杀。五是药剂防治。成虫发生量大时,可在草莓田喷施 90% 晶体敌百虫 800 倍液,或 50% 马拉硫磷乳油 2 000 倍液,或 50% 辛硫磷乳油 1 000 倍液,或 25% 喹硫磷乳油 1 000 倍液,或 40% 乐果乳油 1 000 倍液,或 2.5% 溴氰菊酯乳油 1 500 ~ 2 000 倍液灭杀。

31.小 家 蚁

【发生规律】 小家蚁多在夏季进行婚飞。雄蚁不久即死亡。雌蚁产卵营巢在土下。整群群集在一起。傍晚或阴天出洞产卵繁殖,首批繁殖的子蚁是工蚁。每年完成 4 ~ 5 个世代。一般前茬为菜地的草莓田受害重,水稻茬种草莓基本无蚁害。

【防治方法】 一是蚁害严重地区要设法与水生蔬菜或水稻进行水旱轮作。二是旱地适时灌水,可抑制蚁害。三是适时早采成熟浆果,可明显减轻蚁害。四是先诱杀工蚁,用 0.13% ~ 0.15% 灭蚁灵粉与玉米芯粉或食油拌匀,放在火柴盒里,每盒 2 ~ 3 克,每平方米放 1 盒,再捕捉几只活小家蚁放在盒内取食,它们便回去报信,巢穴中的蚂蚁便全来取食受毒致死。五是为害严重的地方用"灭蟑螂(甲由)蚂蚁药",每 15 米^2 用 1~3 管,每管 2 克,分放 10~30 堆,湿度大的地方特别是在棚室内,可把药放在玻璃瓶内、侧放,即可长期诱杀。六是浇灌 90% 晶体敌百虫加石灰 1∶1 对水 4 000 倍液,每蚁穴灌对好的药液 0.5 升。七是可用 40% 乐果乳油 400 倍液或 50% 辛硫磷乳油 1 000 倍液灌蚁穴灭杀。

32.小地老虎

【发生规律】 小地老虎 1 年发生 2 ~ 7 代,一般第一代对草莓为害严重。越冬代成虫盛发期在 3 月上旬。成虫昼伏夜出,对糖醋液和黑光灯有较强趋性，在杂草或作物3厘米以下的部位及地面土块上产卵。一般每只雌蛾产卵1000粒左右，多的可达3000粒。4月中下旬为二至三龄幼虫盛期，5月上中旬为五至六龄幼虫盛期。以三龄以后的幼虫为害严重。幼虫有假死性，遇惊扰缩成环状。小地老虎无滞育现象，条件适合可连续繁殖为害。成虫有远距离迁飞性。

【防治方法】　一是物理防治，利用糖醋液和黑光灯诱杀成虫，利用泡桐叶诱杀幼虫。二是毒饵诱杀幼虫，用麦麸、豆饼5千克等饵料炒香，与90%晶体敌百虫150克加水拌匀成毒饵，每667米^{2}撒施1.5～2.5千克。三是结合锄草进行人工捕杀。四是保护利用蟾蜍、青蛙、蜘蛛等天敌。五是药剂防治。用20%氰戊菊酯乳油2000倍液或90%晶体敌百虫800～1000倍液喷雾防治3龄前幼虫，或用25%亚胺硫磷乳油250倍液或50%辛硫磷乳油250倍液灌根。采前10天停止用药。

33. 细胸金针虫

【发生规律】　细胸金针虫主要以幼虫在土壤中越冬，可入土达40厘米深。翌年春上升至表土层为害，6月份可见成虫产卵于土中。幼虫极为活跃，在土中钻动很快，好趋集于刚腐烂的植物体上并为害草莓根及根颈。

【防治方法】　一是与水生蔬菜或水稻轮作。二是保护利用天敌如蟾蜍、青蛙等。三是定植前用地虫磷、甲拌磷、辛硫磷处理土壤。四是生长期发生细胸金针虫，可在草莓株间挖小穴，将颗粒剂或毒土点施穴中立即覆盖防治。五是在细胸金针虫活动盛期常灌水可抑制为害。

34. 沟金针虫

【发生规律】 沟金针虫主要分布在我国长江以北，1年完成1代。幼虫期长，老熟幼虫于 8 月下旬在 16 ～ 20 厘米深的土层内做土室化蛹，蛹期 12 ～ 20 天，成虫羽化后在原蛹室越冬。翌年春开始活动，4 ～ 5 月份为活动盛期。成虫在夜晚活动、交尾，产卵于 3 ～ 7 厘米深的土层中，卵期 25 天。成虫具假死性。幼虫于 3 月下旬 10 厘米地温 5.7℃ ～ 6.7℃ 时开始活动，4 月份为为害盛期。夏季温度高，沟金针虫向土壤深层移动，秋季又重新上升为害。

【防治方法】

(1) 农业措施 深翻土地，破坏沟金针虫的生活环境。在沟金针虫为害盛期多灌水可使其下移，从而减轻为害。

(2) 药剂防治 在草莓定植时，每 667 米 ^{2} 用 5% 辛硫磷颗粒剂 1.5 ～ 2 千克拌细土 100 千克撒施在定植穴中，然后定植。亦可用 25% 亚胺硫磷乳油 250 倍液或 50% 辛硫磷乳油 800 倍液灌根防治。

35. 蛴 螬

【发生规律】 蛴螬 1 年发生代数因种因地而异，一般 1 年发生 1 代或 2 ～ 3 年 1 代，长者 5 ～ 6 年发生 1 代。以幼虫和成虫在 55 ～ 150 厘米无冻土层中越冬。卵期一般 10 余天，幼虫期约 350 天，蛹期约 20 天，成虫期近 1 年。成虫具假死性、趋光性和喜温性，并对未腐熟的厩肥有较强趋性。5 月中旬至 6 月中旬为越冬代成虫出土盛期，晚上 8 ～ 9 时为成虫取食、交尾活动盛期。卵多散产在寄主根际周围松软潮湿的土壤内，以水浇地居多，每次可产卵百粒左右。当年孵出的幼虫在立秋时进入三龄期，地温适宜时造成严重为害。蛴螬共3龄。一至二龄期较短，三龄期最长。蛴螬终生栖居土及粪肥中，其活动主要与土壤的理化特性和温、湿度等有关。在一年中活动最适的地温为13℃～18℃，高于23℃，逐渐向下转移，到秋季地温下降再向上层转移，所以春秋季蛴螬为害重。

【防治方法】

（1）农业措施　合理安排茬口，前茬为大豆、花生、薯类或与之套作的菜田，蛴螬发生较重，适当调整茬口可明显减轻为害。施用的农家肥要充分腐熟。施用碳酸氢铵、腐殖酸铵、氨水、氨化磷酸钙等化肥所散发的氨气对蛴螬等地下害虫有驱避作用。春秋翻耕土地，可将部分成虫、幼虫翻至地表，使其风干、冻死、人工捡拾杀死或被天敌捕食。

（2）灯光诱杀　在成虫盛发期，利用黑光灯诱杀。

（3）人工捕杀　施农家肥前应筛出其中的蛴螬杀死，定植后发现草莓植株被害可挖出蛴螬杀死，利用成虫的假死性，在其停落的植株上捕捉或震落捕杀。

（4）药剂防治　用50%辛硫磷乳油800倍液灌根，或每667米^{2}用80%敌百虫可湿性粉剂100～150克，对少量水稀释后拌细土15～20千克，制成毒土，均匀施入定植穴中然后定植。在蛴螬发生较重的地块，用80%敌百虫可湿性粉剂和25%甲萘威可湿性粉剂各800倍液灌根，每株灌150～250毫升，可杀死根际附近的蛴螬。

36．华北蝼蛄

【发生规律】　华北蝼蛄约3年完成1代，卵期17天左右，若虫期 730 天左右，成虫期近 1 年。以成虫、若虫在 67 厘米以下的无冻土层和地下水位以上的土层中越冬，每窝 1 只。越冬成虫在翌年 3～4 月份随地温升高而向上移动，至 4 月上中旬，进入表土层钻成许多隧道开始活动和取食为害。5 月上旬至 6 月中旬，当气温和 20 厘米地温为 15℃～20℃时进入为害盛期。6 月下旬至 8 月上旬开始越夏和交尾产卵。产卵期约 1 个月，每头雌虫产卵 200～300 粒，最多可达 500 粒。卵产在 10～25 厘米深预先筑好的卵室内，多在轻盐碱地或渠边、路旁、田埂附近。至 9 月上旬以后，大批若虫和新羽化的成虫从地下 14 厘米的土层上升到地表活动，形成秋季为害高峰。若虫共 14 龄。华北蝼蛄一般昼伏夜出，夜间 9～11 时最活跃，雨后活动更甚。具趋光性和喜湿性，对香甜物质如炒香的麦麸、豆饼以及马粪等农家肥有强烈趋性。

【防治方法】

(1) 农业措施　有条件的地区与水生蔬菜或水稻实行水旱轮作，草莓田在定植前要精耕细作，深翻多耙，不施未腐熟的农家肥等，实行太阳能消毒灭虫，造成不利于地下害虫的生存条件，减轻蝼蛄等地下害虫为害。

(2) 马粪和灯光诱杀　可在田间布置黑光灯，并在其下挖坑堆放湿润马粪，表面盖草，每天早晨捕杀诱集到的蝼蛄。

(3) 毒饵诱杀　将炒香的豆饼或麦麸 5 千克，或玉米面、秕谷 5 千克蒸熟晾至半干，再用 90% 敌百虫晶体 150 克加适量水将毒饵均匀拌潮，每 667 米² 用毒饵 1.5～2.5 千克，撒入草莓田，诱杀蝼蛄。

(4) 药剂防治　每 667 米² 用 50% 辛硫磷乳油 1～1.5 千克，掺干细土 15～30 千克充分拌匀，撒于草莓田中或开沟施入土壤中。或用 25% 亚胺硫磷乳油 250 倍液灌根。

37. 东方蝼蛄

【发生规律】 东方蝼蛄在南方1年发生1代，在陕西、山东、辽宁、河北等地2年发生1代。其活动为害规律与华北蝼蛄相似，但东方蝼蛄喜在潮湿地5～10厘米深处做鸭梨形卵室产卵，每头雌虫产卵30～50粒。

【防治方法】 同华北蝼蛄。

38. 蜗　牛

【发生规律】 蜗牛1年发生1代，11月下旬以成贝和幼贝在田埂、土缝、残枝落叶、宅前屋后的物体下越冬，翌年3月上中旬开始活动，温室前、塑料棚内于2月中下旬即见活动，爬行处留有黏液痕迹。蜗牛白天潜伏，傍晚或清晨取食，遇阴雨天或棚室内湿度大时多整天栖息在植株取食，除喜欢为害草莓叶片外，还可为害近成熟的果实。4月下旬至5月上中旬成贝开始交尾，后不久把卵成堆产在植株根茎部的湿土中，初产的卵表面具黏液，干燥后把卵粒黏在一起成块状。初孵幼贝多群集在一起取食，长大后分散为害。蜗牛在棚室草莓田发生早，喜栖息在植株茂密、低洼潮湿处，温暖多湿天气及田间潮湿地块受害重，遇有高温干燥条件，蜗牛常以白膜把壳口封住，潜伏在潮湿的土缝中或茎叶下，待条件适宜时，如下雨或灌溉后，又于傍晚或早晨外出取食，11月中下旬开始越冬。

【防治方法】 一是清晨或阴雨天人工捕捉集中杀灭。二是地膜覆盖栽培，可明显减轻为害；清洁田园，秋耕翻土壤可破坏其栖息环境；用杂草、树叶等在棚室或草莓田诱捕虫体杀灭。三是每667米^{2}用生石灰5～7千克，于为害期撒施于沟边、地头或草莓行间，以驱避虫体为害草莓。四是用茶籽饼粉 3 千克撒施或茶籽饼粉 1 ~ 1.5 千克加水 100 升浸泡 24 小时，取其滤液喷雾；也可用 50% 辛硫磷乳油 1 000 倍液喷雾防治。五是利用杀软体动物剂每 667 米^2 用 10% 多聚乙醛（蜗牛敌）颗粒剂配成含有效成分 2.5% ~ 6% 的豆饼粉或玉米面，或用 8% 多聚乙醛（灭蜗灵）颗粒剂 1.5 ~ 2 千克，碾碎后拌细土或饼屑 5 ~ 7.5 千克，于天气温暖、土表干燥的傍晚撒在受害株附近根部的行间，2 ~ 3 天后接触药剂的蜗牛分泌大量黏液而死亡。防治适期为 3 ~ 4 月中旬蜗牛产卵前，6 ~ 7 月有小蜗牛时再防 1 次，效果更好。或用 6% 四聚乙醛颗粒剂撒施防治。

39. 野蛞蝓

【发生规律】 野蛞蝓在我国从北向南 1 年发生 3 代。以成体或幼体在作物根部湿土下越冬。春季当日平均温度达 10℃，在田间大量活动为害，入夏气温升高，活动减弱，秋季气温凉爽后又活动为害。完成 1 个世代约 250 天，5 ~ 7 月份产卵，卵期 16 ~ 17 天，从孵化至成贝性成熟约 55 天，成贝产卵期约 160 天。野蛞蝓雌雄同体，异体受精，亦可同体受精繁殖。卵散产于湿润、荫蔽的土缝中，每隔 1 ~ 2 天产 1 次，每次产 1 ~ 32 粒。每处产卵 10 粒左右，产卵量 400 粒左右。野蛞蝓怕光，强日照下 2 ~ 3 小时即死亡，昼伏夜出，从傍晚开始出动。耐饥力强，在食物缺乏或不良条件下能长时间不吃不动。当气温 11.5℃ ~ 18.5℃，土壤含水量 70% ~ 80% 时最有利于其生长发育。

【防治方法】 一是可用 6% 四聚乙醛颗粒剂撒于田间防治效果甚佳。亦可每 667 米^2 撒施 8% 多聚乙醛颗粒剂 1 ~ 1.5 千克，或用 10% 多聚乙醛颗粒剂，每平方米撒施 1.5 克，或每 667 米^2

用 48% 毒死蜱乳油 40 毫升加 2.5% 溴氰菊酯乳油 20 毫升对水 40
升，于傍晚向草莓植株及根茎附近的土表喷雾。亦可于 4 ～ 5 月
份用氨水剂 150 倍液喷洒地面防治。二是清洁田园，铲除杂草，
实行水旱轮作。亦可在田边、地埂上撒石灰或草木灰，野蛞蝓爬
过时，身体失水死亡。三是晚上或阴雨天人工捕捉。四是用杀虫
剂配成毒液，撒在收集来的鲜嫩草堆或菜叶上，于傍晚放入草莓
地，进行诱杀。

40. 网纹蛞蝓

【发生规律】 网纹蛞蝓从孵化到雌雄同体生殖腺分化为幼
稚期；从雄生殖道发育到性成熟为幼期；从形成精子到雌生殖道
发育至卵成熟及产卵进入成虫期；性腺与生殖道萎缩即进入老
年期。喜在黄昏后或阴天外出寻食，每夜可爬行 90 厘米，温度
17.5℃ ～ 20.5℃ 最活跃，1℃ ～ 2℃ 停止运动，但仍可取食；－ 8℃
仅能存活 8 小时，交尾后 8 ～ 10 天产卵，每头雌虫产卵 300 粒。
土壤含水量 60% ～ 80% 利于其生殖，网纹蛞蝓躯体含水量 80%、
卵为 85%，当失去 20% 则会死亡。黏重土、低洼潮湿地蛞蝓多，
细沙土适宜成年蛞蝓产卵，粗颗粒土利于其深入 12 ～ 14 厘米处
隐蔽。

【防治方法】 一是发现为害时破土晒田，可减轻为害。二是
清洁田园，铲除杂草，实行水旱轮作。亦可在田边、地埂或低洼
处撒生石灰或草木灰，网纹蛞蝓爬过时，身体失水死亡。三是药
剂防治。可以用 6% 四聚乙醛颗粒剂或 8% 多聚乙醛颗粒剂每 667
米² 撒施 1.5 ～ 2 千克，或 10% 多聚乙醛颗粒剂，每平方米撒施 1.5
克，或 20% 松脂酸钠可湿性粉剂 70 ～ 150 倍液喷洒防治。

41.黄蛞蝓

【发生规律】 黄蛞蝓常生活在阴暗潮湿的温室、大棚、菜窖、住宅附近，农田及腐殖质多的落叶、石块下、草丛中、水渠、沟旁等地。

【防治方法】 一是清洁田园，铲除杂草，减少滋生地，注意排水，降低地下水位；结合田间管理，晴天中耕锄草，使卵及虫体暴露在土表自行干缩破灭。实行水旱轮作。二是在田边、地埂上撒生石灰或草木灰，以降低湿度造成不利于蛞蝓活动的环境和增加烧杀作用。选晴天每 667 米^2 撒生石灰 5 ~ 7.5 千克，蛞蝓爬过后身体失水而死亡。三是于 4 ~ 5 月份蛞蝓盛发期喷洒氨水或碳酸氢铵水 100 倍液，只要能喷到蛞蝓体上就可杀死。四是每 667 米^2 用油茶饼 7 ~ 10 千克，加 50 升水泡开，取其滤液喷洒，也可用 50% 辛硫磷乳油 500 倍液，或 20% 松脂酸钠可湿性粉剂 150 倍液喷洒。五是用 6% 四聚乙醛颗粒剂每 667 米^2 1 ~ 2 袋或用 8% 多聚乙醛颗粒剂 1 ~ 1.5 千克，于晴天傍晚撒施在株间，防效很好。六是用鲜嫩杂草、绿肥、菜叶、瓦砾等成小堆分散堆集在田间诱集，翌晨或在毛毛细雨天人工捕捉，集中杀灭。

42.子午沙鼠

【发生规律】 子午沙鼠主要栖息于荒漠半沙性地区或农田、草莓田和菜区。子午沙鼠的洞系可分为越冬洞、夏季洞和复杂洞。洞口直径 3 ~ 6 厘米，一般有 1 ~ 3 个洞口，有时 4 ~ 5 个，多开口于灌木丛、草根和草莓株丛下，洞道弯曲多分支，总长 2 ~ 3 米，深多为 30 ~ 40 厘米，有的分支在接近地表处形成盲端，以备应急之用。越冬洞洞道深，窝巢深达 2 米以下。雌鼠在妊娠和哺乳期间出入洞口之后，常将洞口临时堵塞。子午沙鼠不冬眠，喜在夜间活动，活动高峰为子夜 0 时。食性杂，在内蒙古及河北坝上和东北地区，4 月份开始繁殖，繁殖期长，可达 7 个多月，每年繁殖 2 ~ 3 次，妊娠率低，6 月下旬的妊娠率为 33.3%，且逐月下降。每胎产仔 2 ~ 11 只，多为 4 ~ 6 只。子午沙鼠从春季至秋季月增长 10 倍，其死亡率为 90% 左右，自然界中活到 1 年的不到 1%。

【防治方法】 一是子午沙鼠喜食种子及草莓和其他果实，因此用毒饵法灭鼠效果最好。防治适期主要在春、秋两季繁殖高峰来临之前，即 3 月中旬至 4 月下旬和 8 月中旬至 9 月下旬，其中春季防治效果较好，且此时雨季尚未来临，毒饵在田间不易霉变失效。在草莓田要注意深翻土地，破坏其洞系，能增加天敌捕食的机会。二是清除草莓田杂草，恶化其隐蔽条件，可减轻鼠害。三是保护并利用天敌。四是人工捕杀，可采取夹捕、封洞、水灌、强力黏鼠胶、剖挖等措施进行捕杀。五是毒饵法，用 0.1% 敌鼠毒饵、0.02% 氯敌鼠钠盐毒饵、0.01% 氯鼠酮毒饵、0.005% 溴敌隆毒饵、0.03% ~ 0.05% 杀鼠醚毒饵，以小麦、莜麦、大米或玉米小颗粒作诱饵撒于子午沙鼠出没附近进行诱杀。六是用棉花团或草团蘸氯化苦或敌敌畏塞入鼠洞并将洞口盖土封严熏杀。

43. 大 家 鼠

【发生规律】 大家鼠栖息地广，适应力强，多栖息于居民地及其周围和草莓田、菜地、大田及草原。洞系结构规律性不强，凡是可以作为隐蔽场所的地方均可做窝。洞口一般为 2 ~ 4 个，进口只有 1 个，出口处有松土堆。洞道长 50 ~ 210 厘米、深 30 ~ 50 厘米。洞内具一个窝巢和几个仓库。在室内或草莓棚内，大家鼠昼夜都可活动，且夜间最活跃。室外只在夜间活动，有时白天也有出入活动，黄昏和黎明前为活动高峰。善游泳、潜水、攀爬和跳跃。警觉性强，不轻易进入不熟悉的地区，不食不熟悉的食物。大家鼠不善贮存食物。繁殖力强，条件适宜时全年均可繁殖，1年繁殖2～3窝，每胎1～15只，多为6～8仔，每年4～5月份和9～10月份为其繁殖高峰期。妊娠期21天左右，仔鼠3月龄时，达到性成熟，生殖力可保持1.5～2年，寿命可达3年以上。

【防治方法】 大家鼠不仅为害草莓、蔬菜、果树及农作物，还传染多种疾病，是鼠疫、假性结核病、狂犬病、脑炎、布氏杆菌病、钩端螺旋体病等10多种流行病的自然宿主，应认真防治。具体方法包括：一是及时清除杂草，合理安排作物布局，搞好室内外环境卫生。二是鼠夹法，用中号鼠夹，以肉、花生仁或葵花籽等做诱饵，置于鼠洞处或鼠道上捕鼠。三是毒饵法，用敌鼠、杀鼠醚、杀鼠灵、溴敌隆、大隆、氯敌鼠等拌以瓜、果及各种种子诱鼠毒杀。四是可利用C型肉毒梭菌毒素灭鼠。五是用强力黏鼠板置于大家鼠经常出入的地方可将其黏住而后消灭之。

金盾版图书,科学实用,
通俗易懂,物美价廉,欢迎选购

以上图书由全国各地新华书店经销。凡向本社邮购图书或音像制品,可通过邮局汇款,在汇单"附言"栏填写所购书目,邮购图书均可享受9折优惠。购书30元(按打折后实款计算)以上的免收邮挂费,购书不足30元的按邮局资费标准收取3元挂号费,邮寄费由我社承担。邮购地址:北京市丰台区晓月中路29号,邮政编码:100072,联系人:金友,电话:(010)83210681、83210682、83219215、83219217(传真)。